三桅帆

001

ROSE

玫瑰

重庆一诺印务有限公司
书刊检验
合格证
（01）

[英] 凯瑟琳·霍伍德————— 著

肖雯隽 ————— 译

重庆出版集团 重庆出版社

Rose by Catherine Horwood was first published by Reaktion Books in the Botanical series, London, UK, 2018. Copyright © Catherine Horwood 2018. Rights arranged through CA–Link

版贸核渝字(2020)第057号

图书在版编目(CIP)数据

玫瑰 / (英)凯瑟琳·霍伍德著;肖雯隽译. — 重庆:重庆出版社,2020.10
书名原文:Rose
ISBN 978-7-229-15081-5

Ⅰ.①玫… Ⅱ.①凯… ②肖… Ⅲ.①玫瑰花—文化史—世界 Ⅳ.①S685.12-091

中国版本图书馆CIP数据核字(2020)第104268号

玫瑰

MEIGUI

〔英〕凯瑟琳·霍伍德 著 肖雯隽 译

丛书策划:刘 嘉 李 子
责任编辑:李 子 陈劲杉
责任校对:何建云
封面设计:何海林
版式设计:侯 建

 重庆出版集团
重庆出版社 出版

重庆市南岸区南滨路162号1幢 邮政编码:400061 http://www.cqph.com
重庆一诺印务有限公司印刷
重庆出版集团图书发行有限公司发行
E-MAIL:fxchu@cqph.com 邮购电话:023-61520646
全国新华书店经销

开本:720mm×1000mm 1/16 印张:16 字数:260千
2020年12月第1版 2020年12月第1次印刷
ISBN 978-7-229-15081-5

定价:98.00元

如有印装质量问题,请向本集团图书发行有限公司调换:023-61520678

谨以此书

纪念我的母亲

是她

激励了我对玫瑰的热爱

攀爬在英国什罗普郡沃勒顿老庄园拱门上的藤本月季

目 录

简介
世界上最受喜爱的花

2017 年春，BBC 为纪念热门节目"园艺世界"开播 50 周年，邀请观众投票选出在过去的半个世纪里最重要、最有影响力的园林植物。毫无悬念，获胜的植物是玫瑰。其他植物怎能与这一世界上最受欢迎的花相抗衡？从加拿大到澳大利亚，很少有不栽种玫瑰的花园。即使你没能亲手栽种，但你至少也曾经买过切花玫瑰，或者在你人生的某个瞬间曾被它触动过，因为玫瑰最常用作庆祝或纪念我们人生中的重要里程碑，如婚礼、周年庆、生日及忌日。

玫瑰曾是埃及皇后、罗马帝王、中世纪僧侣和十字军骑士，还有都铎及其他王朝君主们的最爱。从昔日的草药种植者和药剂师，到今天的植物学家和香水调配师，无人不为玫瑰的治愈性和它的香味着迷。再也没有其他花卉能像玫瑰一样，在宗教和皇室，政治和爱国主义，装饰及文学方面占据如此重要的地位。然而，玫瑰同时也是非常个性化的，它能激发人们的忠诚和奉献精神，而且偶尔会让人失意。19 世纪晚期，英国皇家玫瑰协会第一任主席塞缪尔·雷诺兹·霍尔牧师在请人修剪他的 5000 株玫瑰时不得不离开家，因为亲眼目睹这个过程实在太痛苦了。对那些修剪玫瑰花的人来说，这无疑也同样痛苦。

玫瑰象征着英式花园的精髓，无论是简陋村舍门前花架上自在绽放的芬芳的蔷薇，或是标准玫瑰花园中精心修剪的色彩亮丽的玫瑰。

然而，没有比玫瑰更为国际化的花了——从中国、日本一直到波斯（今伊朗），它还征服了欧洲皇室，并打动了美国各地狂热爱好者的心。玫瑰是花卉中代表爱情和浪漫的通用符号，它的字谜甚至是厄洛斯（"Eros"[1]）。

大多数人种植玫瑰主要是从花朵大小、颜色和习性来衡量它们。我们只知道有爬上厨房外墙，并能在整个夏天都盛开的粉色蔷薇；有长在花坛边，我们常把它剪下，将它宜人的香气带入房间的深红色蔷薇；除此之外，还有很久以前就挺立在屋外的橙色蔷薇，可能是之前的某位房主栽下了它，而我们从没想过，也没有精力把它移走。我们甚至还能说出它们的名字，也能说出它们是藤本蔷薇、灌木玫瑰还是杂交茶香月季。但是，大多数人对玫瑰的历史知之甚少。也许那种贝壳粉的藤本月季名叫"新黎明"，那是在 1930 年上市的第一种现代藤本月季，它精美的花朵可以从晚春开到早秋，于 1997 年当选为全世界最受喜爱的玫瑰。你不需要了解它的血统起源，不需要了解它的"曾祖父母"最早是从中国引进的品种之一——于 1820 年到达欧洲的"帕克斯"中国黄色茶香月季。你只需要种下它，然后欣赏它的美好就够了。但是，它的中国月季基因很好地解释了它花期长、花形精美的原因。

写这本书所面临的最大挑战就是"提炼"过去数十个世纪全世界范围内玫瑰的作用与意义的精髓，这就像保加利亚的玫瑰种植人从花瓣里提炼

---

[1] Eros：厄洛斯，希腊神话中的爱神，对应罗马神话中的丘比特。把"Rose"字母顺序打乱就是"Eros"。——译者注

精油一样难。梳理玫瑰的悠久历史并非易事。格特鲁德·斯坦因[1]也没能弄清楚。甚至在 1753 年，连植物命名学之父卡尔·林奈[2]（1707—1778 年）都不得不承认道："玫瑰的品种非常难以辨别，反而是那些只见过几个品种的人相较于见过很多品种的人更容易区分不同的玫瑰。"

对于有的玫瑰品种，我们永远无法知晓它们的历史有多悠久。北美出土的玫瑰化石可追溯到距今 4000 万年前温暖潮湿的始新世时期。此后，人们在科罗拉多州南方一个叫做弗洛里森特的小村庄里又欣喜地发现了距今 3500 万年的玫瑰化石。

最新发现的玫瑰化石之一来自中国西南地区的云南省，于 2012 年被发掘。它可以被追溯到距今 2500 万—500 万年的中新世时期，这是世界上最完整的玫瑰叶子化石之一。正因为它处在一个"幸运的环境里"，人们才能发现它，所以它的发现者将其命名为"幸运蔷薇"。科考队员也因此在中国西南地区找到了一些现存的关联物种，特别是卵果蔷薇，这一品种曾在中国、泰国和越南被发现。

既然玫瑰分布如此广泛，那为什么没能发现更多的玫瑰化石呢？美国古生物学家查尔斯·雷瑟认为，这可能是因为玫瑰通常生长在干燥的地区，此种环境不利于化石的形成。由于玫瑰化石只在北半球发现过——亚洲、欧洲和北美洲地区——所以可以推测：玫瑰在北方大陆板块分离之前就已经开始生长了，这也说明玫瑰确实是一个非常古老的科系。如今，各种玫

---

[1]　格特鲁德·斯坦因：美国小说家及诗人，此处指其著名诗句："Rose is a rose is a rose."这是出自《地理与喜剧》（1922 年）里的一句话，意为"玫瑰是玫瑰就像玫瑰是玫瑰一样"，也有的解读认为第一个 Rose 是人名"罗丝"。作者此处引用此句诗大概是想从植物学的角度幽默地表达 Rose 不仅是玫瑰还可能是蔷薇，也可能是月季。——译者注

[2]　卡尔·林奈：瑞典生物学家，动植物双名命名法的创立者，他首先提出界、门、纲、属、种的物种分类法。——译者注

瑰依旧生长在北半球，从日本岩石海岸顽强的皱叶蔷薇 [1]，到遍布中亚、中东和欧洲的充满香气的大马士革蔷薇 [2]，再到北美洲西海岸质朴的加州蔷薇，可见它们的分布广泛。

在 18 世纪晚期拥有漫长花期的中国月季被传到欧洲之前，欧洲的园丁们只能种植相对很少的一些品种，主要包括法国蔷薇 [3]、大马士革蔷薇、白蔷薇、百叶蔷薇这些我们称之为"古代玫瑰"的主要品种（古代玫瑰系列更完整的清单详见附录一）。法国蔷薇是已知最古老的蔷薇品种之一，而大马士革蔷薇直到 16 世纪中叶才在西欧出现。它们与如今在野外灌木丛中仍能发现的野生犬蔷薇杂交形成了美丽的白蔷薇。一些观点认为，16 世纪晚期，白蔷薇与秋季大马士革蔷薇杂交产生了百叶蔷薇，或称"包心蔷薇"，这种蔷薇深受 19 世纪艺术家和 20 世纪面料设计师们的喜爱。

18、19 世纪是从全世界引种植物，包括玫瑰的高产时期，也是人们对于玫瑰的繁育兴趣高涨的时期，其间涌现了一些不寻常的品种并流传至今。所有这些玫瑰本质上都源自纯种玫瑰，但不可避免的是，自然杂交和芽变的出现可能使其品种不再单纯。因此，玫瑰的分类变得非常复杂，即使育种专家也很难了解那些新变种玫瑰的起源。18 世纪以来，人们采用林奈氏命名法为玫瑰分类，这是一种主要基于细节视觉识别的分类方法。20 世纪 20 年代，剑桥植物园的遗传学家查尔斯·张伯伦·赫斯特着手研究玫瑰的基因组成。在 25 年多的时间里，他绘制了玫瑰的家族谱系图，并发现了欧洲最古老的玫瑰是犬蔷薇、麝香蔷薇和法国蔷薇。最近，日本学者的 DNA 研究结果推翻了他的部分结论，但是他的研究成果始终是现代

[1] 原文"Rosa Rugosa"，直译为皱叶蔷薇，又称刺玫花，是玫瑰品种之一。原产于中国、日本、朝鲜，也有西方学者称之为日本蔷薇。——译者注

[2] 大马士革蔷薇：又称突厥蔷薇。——译者注

[3] 法国蔷薇：又称高卢蔷薇。——译者注

图为"幸运蔷薇"，是 2012 年在中国西南地区云南省出土的罕见的玫瑰叶子化石

玫瑰遗传学的基础。

数个世纪以来，玫瑰引发了育种家之间的一些竞争，也促使他们建立了友谊，同时唤起了超越民族差异的自发性。那些珍贵的玫瑰嫩芽切枝漂洋过海甚至穿越战火。19世纪最初的十年，路易斯·克劳德和菲利普·诺伊塞特两兄弟——一个在巴黎，另一个在南卡罗来纳州的查尔斯顿，他们均有玫瑰苗圃——横跨大西洋交换玫瑰种苗。与此同时，拿破仑的皇后约瑟芬正着手收集所有已知的包括英国的玫瑰在内的玫瑰品种，在此时，她已顾不上她丈夫的港口已被皇家海军封锁的这件"小事"[1]。

1867年推出的第一种杂交茶香月季"法兰西"，在玫瑰培育的历史上占有重要地位。大约80年后，在二战期间，法国育种家弗兰西斯·玫兰培育出了另一种杂交茶香月季，并在1945年将其命名为"和平"，正值二战后，当时世界正在恢复正常秩序，因此该名字合乎更多人的心愿。"和平"被选定送给1945年在旧金山召开的第一届联合国组织会议的首要代表们。直到1980年，已售出超过1亿枝的"和平"月季。1995年，公共"和平"花园里广泛种植该品种，用以纪念第二次世界大战胜利50周年。

以上提到的这些品种只是在20世纪极受欢迎的杂交茶香月季和丰花月季当中的一部分。

这两种月季的花期都持续整个夏季，且都比1867年之前的古代玫瑰具有更强的抗病性。它们通常独立生长、远离其他植物。然而时尚在变化，如今，它们正面临一个新群体——灌木玫瑰的挑战，它在混合花境[2]中悠然生长。21世纪，大卫·奥斯汀的英国月季主导了现代灌木玫瑰群，而在

---

[1] 据说英法战争期间，为了能定期将新的英国玫瑰品种运送到法国，约瑟芬为一位伦敦的园艺家办了特别护照，使他可以同玫瑰一起穿过战争防线。为此，英法双方舰队甚至停止海战，让运送玫瑰的船通行，这就是"玫瑰停战"。——译者注

[2] 混合花境：一种将多种花卉、灌木、多年生植物、草本植物、一年生植物和鳞茎类植物进行组合种植，以追求最长的观赏期和最佳观赏效果的花境。——译者注

犬蔷薇，又称狗蔷薇，在英国乡间树篱中很常见。詹姆斯·索尔比于1821年绘制，水彩

美国，业余育种人威廉·拉德勒的"绝代佳人®"系列地被及景观玫瑰让他大赚了一笔。所有这些轰动一时的玫瑰背后都是育种家们多年来对成千上万株幼苗的耐心培育，直到从中找到最为合适的那一株。正因他沉迷于新品种的研究，所以我们才能在整个夏天栽种这些病害少、芳香四溢的玫瑰品种。（有关现代玫瑰系列的完整清单详见附录一）

在玫瑰界，有人认为古代玫瑰才是正宗品种，另一些人则认为古代玫

7

《十个穿比基尼的姑娘做运动》，马赛克装饰画，公元前 4 世纪早期，西西里卡萨尔别墅，刻画了一个获胜的运动员头戴玫瑰花冠的情景

瑰病害多，而且一年的开花时间仅两周。当然，在 20 世纪中叶，杂交茶香月季系列和丰花月季系列到来之后，英国的一些人，例如格雷厄姆·斯图尔特·托马斯、维塔·萨克维尔·韦斯特和康斯坦斯·斯普赖做了很多努力来保护古代玫瑰，使其不至于彻底消失。更近期的是 1980 年代在美国成立的"得克萨斯玫瑰抢救者"组织，专注于拯救古代玫瑰（也被称为"美国传统玫瑰"），使其免于灭绝。他们从墓地和废弃的花园里采集切枝，而他们的行为也带动了全国范围内其他类似的组织共同参与玫瑰拯救行动。

　　1936 年，玫瑰历史学家爱德华·邦亚德将玫瑰描述为"一种文明的象征"。目前已知的最早的关于玫瑰的描述当然要追溯到古代中国、古埃及、古希腊和古罗马时期。"玫瑰"一词来源于拉丁语"rosa"，而此拉丁单词又来源于希腊语"rhodon"。地中海的罗德岛就是以玫瑰花的名字命名的，并且铸造有玫瑰图案的硬币。

　　波斯在此历程中起中心作用，它不仅是玫瑰的发源地，更是有关玫瑰的诸多神话、艺术和文化现象的发源地。词语"rose"或"rosa"被很多西方国家用来描述粉色——兼具字面和隐喻含义，比如，透过"粉红色眼镜"可以让世界看起来温和而美丽，还有"玫瑰人生"和"玫瑰酒"这些词汇。

　　再没有什么花比玫瑰有更多的象征意义了，对基督徒而言，玫瑰常常是爱、死亡、纯洁的象征，而在天主教里，它代表念珠、祈祷。奥斯曼人喜欢把玫瑰用于装饰清真寺、花园、厨房，甚至是在洗澡水中加入玫瑰。

　　从 14 到 16 世纪，阿拉伯人及十字军士兵把香气浓郁的品种带到了西欧，从那时起，在之后的几个世纪里，法国成为了欧洲的玫瑰种植中心，并在 19 世纪声名鹊起。约瑟芬皇后耗费巨资，试图收集齐已知的所有玫瑰品种，她的收藏集中在梅尔梅森城堡，也就是她在巴黎郊外的住所。

　　玫瑰也成为了英国王室的核心标志，在玫瑰战争中，兰开斯特的"红玫瑰"和约克的"白玫瑰"都是权力斗争的象征。尽管我们都知道，莎士比亚过度美化了这个故事，但混合了红白两色的都铎玫瑰，也确实成为了一个伟大王朝的象征符号，直到现在，玫瑰仍是英国的国花。1953 年，在英国女王伊丽莎白二世的加冕典礼上，她的朝服上有相似的红白相间的都铎玫瑰刺绣。在她统治期间发行的几款硬币的背面都是玫瑰图案，包括如今仍在流通的 20 便士硬币。英国橄榄球队的队服上也骄傲地绣着玫瑰标识。

　　但是，英国并没有获得玫瑰的独家专属权利。许多其他国家也选择玫

皮埃尔－约瑟夫·雷杜德，法国蔷薇，
摘自《玫瑰图谱》，1801—1819 年

瑰作为自己国家的象征，其中，保加利亚是世界上主要的玫瑰精油生产国；
今天的伊朗和伊拉克的前身即波斯和美索不达米亚，是一些最古老、最美
丽的玫瑰品种的故乡；塞浦路斯、捷克、厄瓜多尔、卢森堡、马尔代夫和
斯洛伐克也都将玫瑰作为国花，他们对玫瑰的喜爱相较于 1986 年才将玫
瑰定为国花的美国丝毫不逊色。玫瑰也具有体育方面的象征意义，加利福
尼亚帕萨迪纳的标志性玫瑰碗体育场的得名就源于 1890 年开始的帕萨迪

纳玫瑰花车大巡游。

　　草药学家尼古拉斯·卡尔佩帕在其1653年出版的《草药大全》里写道："围绕玫瑰这个主题，作家们制造了太多混乱，如果把他们一一提及，我这本书就会太过庞大。"对此我深表赞同，我那被压弯的书架和我曾去过的图书馆可以作证。多个世纪以来，作家们造成的"混乱"一点儿也没有减少的意思。从波斯诗人欧玛尔·海亚姆[1]到法国中世纪大受追捧的《玫瑰传奇》，再到莎士比亚和浪漫的诗人们关于玫瑰的抒情描写，这些都是玫瑰丰富的文化遗产的一部分。

　　在视觉艺术上亦是如此，玫瑰的形象无处不在。玫瑰，甚至是啃噬玫瑰的昆虫都是荷兰画家们的最爱。法国大师皮埃尔－约瑟夫·雷杜德的《玫瑰图谱》至今仍是全世界最受喜爱的花卉图书，自从19世纪初出版以来不曾绝版。德国作曲家理查德·斯特劳斯的歌剧《玫瑰骑士》和俄罗斯编舞家米哈伊尔·福金的芭蕾舞剧《玫瑰花魂》充满了浪漫主义色彩；并且，从中世纪的吟游诗人到20世纪的流行歌手，玫瑰是他们吟唱的各式爱情歌曲的核心，大约有超过4000首歌曲名字中含有"玫瑰"。不管是擦在耳后的玫瑰香水，或是弥漫在花束里的玫瑰香气，有谁能忽视得了玫瑰的馨香，能无视这绵延千年的奢华？

　　在编写此书时，我数了一下这些年来我在4个不同的花园里种下的各类玫瑰。到目前为止，我已种下了100多个品种。哪一个品种是我的最爱？这就好比在问别人"你最喜欢哪一个孩子"一样难以回答。玫瑰有时候是任性不羁的，但大多时候是美丽迷人的，这是一个没法回答的问题，我爱它们每一个。

---

[1]　欧玛尔·海亚姆：又译作"莪默·伽亚谟"。——译者注

第 一 章

古典玫瑰

　　隐匿在皇家植物园标本馆邱园[1]里那数十万风干的植物标本之中，有一个浅浅的长方形盒子。里面是一些包裹在花蕾中的纸莎草茎，旁边摆放着几个花蕾和一小片薄如蝉翼的脆弱花瓣，它们因岁月久远而变成褐色。这也难怪——这个收藏品可以追溯到170年，但无论花蕾是多么干枯，毫无疑问，那些花蕾的的确确就是玫瑰花。这一小段玫瑰花环是英国考古学

理查二世蔷薇，就是与众所周知的19世纪80年代在埃及哈瓦拉发掘出的玫瑰残片相同的品种

[1]　邱园：又称裘园或丘园，伦敦西郊国立植物园。——译者注

家威廉[1]于19世纪80年代在下埃及[2]哈瓦拉的一个挖掘现场发现的。由于它被放在古代棺木中，有干燥沙土的密封保护，所以才得以历经17个世纪而保存至今。

法国的玫瑰栽种者皮埃尔·科歇（1823—1898年）收到从哈瓦拉寄来的样品后，写信道："我收到过来自世界各地的包括玫瑰花在内的植物和土壤的样本，但我从未经历过打开你这个小包裹时候的那种感觉！"据我们所知，科歇的手中拿的是世界上现存的最古老的玫瑰样本，毫无疑问，这使他激动得浑身颤抖。这一发现印证了在古时候玫瑰的用途之一，而且它也是一个特殊的品种：在邱园的标签上，人们称之为神圣蔷薇，也就是现在俗称的理查二世蔷薇。在此次哈瓦拉发现之前，植物历史学家们只能依靠各种其他来源进行研究，比如通过陶片上的形象、丝绸上的画、诗歌和宗教典籍去找寻玫瑰在古时候的作用和寓意。

这脆弱的哈瓦拉玫瑰花蕾也带来了许多疑问，首先就是玫瑰在古代世界是怎样种植的、在哪里种植的？在中国江苏地区发现的公元前3500年的陶片上装饰着的五瓣花朵很有可能是玫瑰，但也或许不是玫瑰。尽管中国可以理直气壮地宣称自己是最早的玫瑰栽培国，但却几乎没有文字记录可以说明最初的几个世纪里中国种植了哪些品种，因为在秦王朝秦始皇统治时期（公元前246—前208年）大量书籍都被毁掉了。然而，孔子的著作幸免于难，他记录了在秦始皇焚书之前的几个世纪，玫瑰曾在王宫花园里广泛种植。我们都知道，在接下来的汉朝（公元前206—220年），野蔷薇爬满了皇宫的墙院。但是，这些皇家花园最初始建于炎帝时期（公元前2737—前2697年），所以几乎可以确定的是，早在数十个世纪前，人

---

[1] 威廉·弗林德斯·皮特里：英国考古学家及第一位埃及学教授。——译者注

[2] 下埃及：埃及的政治、经济、文化中心区，习惯上指开罗及其以北的尼罗河三角洲地区。——译者注

一个中国富商的整理有序的花园里的玫瑰丛

们就开始栽种玫瑰了。在中国早期的艺术品中，从壁画到丝绸上的绘画，玫瑰的形象无处不在，但它的地位却从不及牡丹和菊花。

中国的玫瑰历史学家认为，野蔷薇进化成为现在我们所称的中国月季的年代要晚得多，大概要到唐朝晚期，即900年前后。唐朝诗人揭示了人们对蔷薇的喜爱之情：如贾岛的诗句"不栽桃李种蔷薇"[1]。古诗词也表明那时人们已经了解野蔷薇、玫瑰、木香之间的区别。古人是非常专业的栽种者。宋朝时期（960—1279年），玫瑰繁育开始盛行，并在明朝时期（1368—1644年）达到顶峰，那时的中国已种植了100多个品种的玫瑰。

[1] 出自贾岛的《题兴化园亭》："破却千家作一池，不栽桃李种蔷薇。蔷薇花落秋风起，荆棘满庭君始知。"——译者注

5

画着玫瑰和蓝色鸟的壁画，希腊克里特岛克诺索斯，克里特岛米诺斯王宫，约公元前 2800—前 2400 年

很多品种在王象晋[1]的《群芳谱》中均有记载（《群芳谱》初刻于天启元年，即 1621 年）。

中国以西，玫瑰的形象最早出现在克里特岛米诺斯时期（大约公元前 2800—前 2400 年）带有花朵图案装饰的珠宝及绘画中。有一个著名的例证，那就是在克诺索斯大宫殿的壁画中出现的玫瑰。这曾引发植物学家们对该玫瑰品种的诸多猜测，从犬蔷薇到法国蔷薇，人们各持己见。

---

[1] 王象晋：明代农学家，著有《群芳谱》。——译者注

1990 年，跟随考古学家亚瑟·伊文思爵士团队到达克里特岛的瑞士画家爱弥尔·吉耶隆父子对壁画进行了"修复"，但这也未能帮助对此玫瑰品种的鉴定。有的植物学家认为这玫瑰是黄色的，这有可能与壁画后期的褪色有关，壁画中玫瑰原本的颜色或许是淡粉色。

波斯和美索不达米亚的花园也对西方的古典园林影响很大。巴比伦是已知的世界上最早的古代花园之一，但对于传说中的空中花园而言，很少有证据能表明美索不达米亚种植有玫瑰。有一个说法确实提到亚述的国王在首都阿卡德植有玫瑰树。早期的花园记录表明，巴比伦国王尼布甲尼撒二世（公元前605—前562年在位）时期在花园里栽种植物，这既是为了欣赏，也是为了食用。有人说，亚述国王的王后塞米勒米斯（公元前811—前802年在位）在她的花园中种植玫瑰。伊朗帕萨尔加德著名的皇家花园，居鲁士大帝（公元前558—前528年）曾经把种植玫瑰纳入其计划。

公元前4世纪末，当亚历山大的军队从波斯回来时，他们唱着赞美他们见过的芳香花园的颂歌。

这时的古希腊人开始把花园看作室外的娱乐空间。早期的波斯花园是封闭的，但考古挖掘发现，在1世纪末，一些花园依山而建且直接通往野外。希腊的精英们最能感受到波斯花园"pairidaeza"（天堂花园）的影响，在希腊语中，波斯花园是"paradéisos"，然后这一词汇被引进拉丁语，最后进入英语。这个词来源于古波斯语"pairi"，其意为"周围"，而"daeza"的意思是"墙"。很快，玫瑰在希腊的景观植物园内的雕像旁有了一席之地。

在埃及，玫瑰是用作装饰及赠送给王室贵宾作为礼物的。芳香的玫瑰是奢华的完美象征，而且在卫生条件落后的古代，玫瑰散发的香气对人们而言是很有必要的。尽管那时的埃及人还没有掌握提炼玫瑰精油的技术，但他们能够用烟熏来提取不那么复杂的香味——后称"香水"，香水的英文来源于拉丁语"perfumum"，即"穿透烟雾"。

在埃及的新王国时期
（约公元前1570—前1085
年），花是用在宗教典礼
上并装扮贵客的。就像今
天他们的做法一样，桌子
上摆上花束进行装饰。到
托勒密王朝（公元前332—
前330年）时期，花伴随
着埃及人的一生——从出
生到死亡。在战争中，士
兵们用芬芳的玫瑰油涂抹
身体；人死后，也是用精
油来防腐的。从寄给皮埃
尔·科歇的玫瑰中可以看
出，这些玫瑰也被放进了
古墓和石棺里。

早在公元前332年，
希腊人征服埃及之前，他
们就已经见证了埃及人的
园林造诣。这是一种双向
交流，因为希腊人也会把
植物带到气候更温暖的埃
及去繁育。随着公元前30
年罗马人的到来，玫瑰的
地位甚至超过了莲花，莲

克里奥帕特拉在赛德纳斯河装饰着玫瑰的船上，阿尔玛－塔德玛·劳伦斯爵士的《安东尼和克里奥帕特拉的相遇》，1883年

花曾是历代埃及法老肖像画中的圣花。正如人们所知的那样，当埃及最后一位独立统治者——克里奥帕特拉七世[1]（公元前51—前30年在位）会见马克·安东尼时，在他行走的小径上散落着齐膝的玫瑰花瓣。

这时，人们把埃及看作是一个气候适宜的育种园。据希腊哲学家提奥夫拉斯图（公元前372—前287年）讲述，埃及的玫瑰会比欧洲的早两个月开花。在2世纪，埃及奥西林克斯的一位焦虑疲惫的种植者评说，种植玫瑰的需求是无法满足的：

> 这里的玫瑰还没有完全盛开——事实上，它们的数量远远不够——我们好不容易才从所有的苗圃和花环编织工人那里收集齐了与萨拉帕斯一同寄给你的1000朵花，我甚至把明天才应该摘的花都摘下来了。

以下这句罗马诗人马希尔[2]（41—100年）的诗句证实了埃及的花卉文化的重要性："尼罗河送给你的冬日玫瑰，凯撒吹嘘地说它们很稀有。"玫瑰对埃及人来说远不止是商品，它已代替莲花成为伊西斯[3]的象征，即埃及的天后的象征，因此它也成为民间传说的一部分。在罗马作家阿普列乌斯（约124—179年）讲述的一个复杂故事中，主角鲁齐乌斯生活在罗马统治下的埃及，初涉魔法时，他意外地把自己变成了一头驴[4]。

一个女奴朋友告诉他，唯一能变回人形的办法就是吃玫瑰花。他的第一次尝试因为遭到愤怒的园丁驱赶而失败，最后，历经重重曲折，他对伊

---

[1] 克里奥帕特拉七世：古埃及托勒密王朝的最后一任女法老，也就是影视作品中的"埃及艳后"。——译者注

[2] 马希尔：古罗马诗人、讽刺作家。——译者注

[3] 伊西斯：古埃及的智慧女神。——译者注

[4] 阿普列乌斯的小说《变形计》，又译《金驴记》。——译者注

西斯的祈祷得到了回应。伊西斯出现在他眼前，并授意他去吃她的神庙里的牧师所戴的玫瑰花冠。他依言照做，终于恢复了人形，后来他把余生都奉献给了他崇拜的女神。

许多希腊和罗马的女神也都与玫瑰联系在一起。公元前550年，在以弗所的神庙里，阿尔忒弥斯女神（对应罗马神话的狄安娜）的一尊雕像的长袍底边上有一朵玫瑰，那可能是法国蔷薇。传说，一位名叫罗丹斯的女子异常美丽、备受赞誉，阿波罗，也就是阿尔忒弥斯的哥哥，把她变成了玫瑰。还有很多故事把阿芙罗狄蒂（对应罗马神话的维纳斯）和玫瑰的起源联系在一起。尽管阿芙罗狄蒂与玫瑰的联系不如古埃及的伊西斯与玫瑰的联系那么密切，但它预示了基督教的传统。9世纪，荷马在《伊里亚特》中，描述了阿芙罗狄蒂用玫瑰油涂抹在赫克托的尸体上，以此作防腐处理。赫克托的盾牌上也装饰着玫瑰图案。让人难过的是，最新的研究对此提出了质疑，不过，"玫瑰色的黎明"这个短语却在词汇表里保留了下来。

希腊诗人阿那克里翁（公元前580—前490年）是这样描写玫瑰的："是花中之最美，是诸神的欢乐，是丘比特之枕，是阿芙罗狄蒂之裙。"在一个著名的故事里，他将阿芙罗狄蒂与白玫瑰和红玫瑰联系在一起。故事写道，当阿芙罗狄蒂在海中出现时，那围绕着她的泡沫是如何变成了白玫瑰的。然后他又描写道，当阿芙罗狄蒂为她受伤的情人阿多尼斯清洗伤口时，鲜血滴到了旁边的白玫瑰上，白玫瑰又变成了红玫瑰，这象征着女神对阿多尼斯的热爱。从此，爱情与红玫瑰就永久地联系在了一起。然而有些令人扫兴的玫瑰历史学家却指出，就现在所知，当时的欧洲还没有出现红玫瑰，只有淡粉色的玫瑰。

类似的传说还围绕着诗人萨福（约公元前630—前570年），她有可能出生在希腊的莱斯波斯岛——碰巧是第一部关于玫瑰的种植著作（约公元前300年）的作者提奥夫拉斯图斯的出生地。在萨福的诗歌中，有许多提及玫瑰的作品，包括缪斯女神的出生地皮耶利亚的玫瑰、一个神圣的神龛"挂满了玫瑰"，以及把新娘比作玫瑰的作品。在最新发现的她书写的诗歌片段中，有一段涉及爱情关系的终结，她催促她的前任情人：

> 让我提醒你，
> 所有那些我们拥有的愉快而美好时光。
> 所有那些紫罗兰花环，
> 还有玫瑰……你放在我身旁的玫瑰。
> 所有那些精致的花串，
> 环绕在你柔软的颈上……

另一个早期的有关玫瑰的经典记述来自于希腊历史学家希罗多德（公元前490—约前420年），在公元前446年，他描写马其顿国王米达斯王的花园。除了所谓的点金术之外，米达斯王所种的玫瑰，"野性而美妙的花朵，有60片花瓣，比世上任何一朵花都要香"。他所说的玫瑰种类引发了很多争论。另一种解读是，应该用"花朵"而不是"花瓣"这个词。但它有可能是百叶蔷薇吗？抑或是重瓣法国蔷薇？1977年，德国玫瑰历史学家格尔德·克鲁斯曼发表文章，认为"毫无疑问的是，重瓣法国蔷薇或者重瓣白蔷薇当时已经存在"。不出意料，也有一些玫瑰历史学家不同意他的观点。

从老普林尼（23—79年）的作品和其他来源看，我们知道希腊人和罗马人熟悉哪些玫瑰。希腊人最开始种植玫瑰似乎是出于商业目的，比如用来制作花环、项圈或者花冠，只是后来才因装饰目的而进行种植。提奥夫拉斯图斯（约公元前371—前287年）——"植物学之父"及《植物志》的作者——讲述他们已掌握了怎样培育和修剪玫瑰的详细知识，这样能使花开得更好。他们知道插扦种植要比种子种植好得多。

一些译文提到，他们每年都会把玫瑰花丛移走并烧掉。更有可能的是，他们修剪玫瑰花丛，然后把枝条烧掉，就如同今天我们很多人的做法。

普林尼在他的巨著《自然史》（约 77—79 年）一书中，记录过 12 种不同的玫瑰。这在未来一定会被当作百科全书典范，直到他死于维苏威火山爆发时仍未完成。其中最容易辨识的一种就是犬蔷薇，即狗蔷薇，它只有 5 片花瓣。普林尼记录的玫瑰主要是用地名进行命名的，例如"普雷尼斯特"或者"坎帕尼亚"。1936 年，玫瑰历史学家爱德华·邦亚德提出，普林尼描述的那些品种太过于相似，很有可能是同一品种、生长在不同地区的玫瑰。比如，西里娜与迦太基都同属于一种大马士革蔷薇。最近，罗马花园历史学家琳达·法拉通过鉴定，证实了普林尼记述的玫瑰中有法国蔷薇、R. phoenicea[1]、秋季大马士革蔷薇、麝香蔷薇、犬蔷薇和百叶蔷薇，从而证实了这一点，当然，克鲁斯曼对最后一点持不同观点。

玫瑰是罗马人日常生活的一部分，从烹饪和打扫卫生到娱乐和宗教节日，都可以见到玫瑰的身影。年轻人会温柔地称他们的恋人为"我的玫瑰"。每个季节都用一种花来庆祝，春天的花是玫瑰，其通常由一个戴着玫瑰花冠或者玫瑰花环、手里拿着一枝玫瑰的少女所代表。法拉说"这必须看作对玫瑰的一种崇拜"。因著有《农业》而出名的帕拉弟乌斯（约 5 世纪离世）推荐采用破开的芦苇来支撑玫瑰花茎。

庞贝古城花园的发掘报告显示，当时种植花卉，尤其是种植玫瑰的目的是制作花环和香精油。到了公元前 40 年，罗马学者瓦罗已经了解到最好的繁殖玫瑰的方法，就是从有根的枝条上切下大约 3 寸长的插枝，然后把它们重新插好，等到这些插枝发芽后再移种出来。

---

[1]　未查到准确的中文译名。——译者注

　　很奇怪的是，有种说法是玫瑰移种越频繁，花开得就会越好。也有人认为，用热水浇花会使玫瑰早一点开花。

　　一些园丁认为，玫瑰所种植的地点不同，它的颜色和香气也不同。当然，可以选择的品种非常有限。来自叙利亚和波斯的玫瑰得到了很高的评价。

维纳斯伴随着玫瑰花从海上升起，油画，桑德罗·波提切利，《维纳斯的诞生》，约1482年

"来自昔兰尼（利比亚著名古城）的玫瑰更加香"，普林尼写道。他也讲述了在坎帕尼亚的庞贝古城周围的土地能种出香气浓郁、一年三季的玫瑰："埃及是所有国家中最适合生产软膏的地方，但是坎帕尼亚能生产玫瑰，所以更胜一筹。"普林尼的很多研究都是基于提奥夫拉斯图斯的早期文献，

他也同样认为昔兰尼的玫瑰是最香的。当普林尼谈到玫瑰精油即香精油最主要的成分时，他特别指出了位于土耳其西南部的利西亚海岸的法塞利斯。但当时的人们对提取精油的方法还不太清楚。

罗马的马赛克画，《春天》，女神被属于她的花朵所围绕

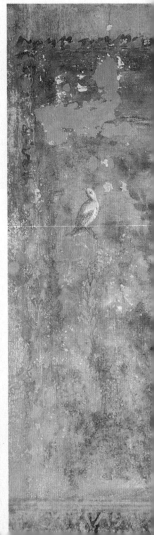

　　罗马人的家中经常用花做装饰，稍富有的人家用马赛克描绘、用颜料将花画在墙上甚至是天花板上。

　　马赛克是专门用来画玫瑰花的，用小的镶嵌片（石子或者瓷片）来描

在庞贝古城的神秘别墅中发掘出的壁画，上面描绘的是玫瑰，1 世纪

绘它的淡粉色。玫瑰也经常出现在布料上面。壁画内容显示，在罗马最气派的花园里，藤架上爬着玫瑰和葡萄藤，竞技场在中间场地会种上玫瑰。

罗马人狂热地消费玫瑰花环、花瓣和精油。还有什么比泼洒玫瑰花瓣这种短暂的奢侈更能打动你身边的人？这可不便宜。尼禄皇帝（37—68 年）的一个过激行为，就是花费了相当于今天的 100000 英镑的费用，从波斯进口玫瑰花瓣，只为将其撒落在沙滩上。

然而，在以奴隶制为基础的社会中，对富有的人来说，他们并不缺少劳动力，而水源和气候条件也都相当重要，瓦罗的《农业论》指导人们如何更加经济实用地种植玫瑰。玫瑰应种在郊外的紫罗兰花丛边上，尽管在没有交通设施能到达市场的年代，在偏远的农场中种植玫瑰的做法有点傻。玫瑰和紫罗兰是两种最常见的用在项圈和花冠上的花卉。"我的玫瑰在哪里？我的紫罗兰在哪里？我的漂亮的西芹在哪里？"狂欢的人们会这样唱着。罗马的农业作家科卢梅拉（70 年前后在世）讲述了一个故事，一个农夫从市场归来，他卖掉了所有的玫瑰，"喝了红酒后步履踉跄，口袋里装满了现金"。

花冠和项圈是男士和女士们在特殊的场合中佩戴的。贵宾们要戴花冠、挂花环，与今天来访印度的人们受到的礼遇相似。征战的英雄们得到了月桂花冠，但是恋人们会交换玫瑰花冠。项圈在市场上被贩卖，通常编制项圈的是妇女或者年轻女孩。然而，正如在考文特花园中一样，卖花女常会背负着坏名声："你和玫瑰在一起，粉色是你的魅力；但你到底在卖什么，卖玫瑰还是你自己，或是两者皆有？"

除了主要从埃及进口，玫瑰还来自罗马南部肥沃地区的商品果蔬园。蒂沃利、坎帕尼亚、普雷尼斯特是主要的玫瑰种植区，并以那不勒斯附近的帕埃斯图姆为最大的种植中心。维吉尔曾写过一种两季开花的帕埃斯图姆玫瑰，但是，即便是意大利南部的温暖气候也不能确保玫瑰有好收成。

诗人普罗佩提乌斯（公元前 47—前 14 年）就曾警告过人们："趁你的血液还年轻，趁你的脸上还没爬满皱纹，就要充分利用好它，以免明天的岁月在你脸上留下伤痕。我已经看到了芳香的帕埃斯图姆的玫瑰花床，静静躺在南方吹来的晨风中。"

玫瑰也可能是"过度"的象征。西塞罗（约公元前 106—前 43 年）奉命起诉西西里总督维雷斯，在提审中，他曾反复地提到玫瑰。西塞罗怒斥维雷斯在冬天好几个月的大部分时间都在室内纵情狂欢，居然直到看见餐桌上的玫瑰才知道春天已经来临。就算是冒险出去行军的时候他也没有骑马，而是被八人大轿抬着走的。

他的头上和脖子上戴着玫瑰花环，躺在填满了玫瑰花瓣的俗气的马耳他面料做的枕头上，鼻子边还放着玫瑰花嗅袋。西塞罗严厉地说道，"就如同，如同以前的比提尼亚国王的做派一样"。那时候被称作比提尼亚的地区在今天的土耳其西部，至今其玫瑰种植业仍然兴旺发达。

更有甚者，年轻的罗马皇帝赫利奥加巴勒斯（约 203—222 年）为玫瑰耗费巨资，既用来装饰，也为了泡制穆尔森，这是一种由玫瑰、白葡萄酒、苦艾酒、蜂蜜制成的饮料。身为双性恋者的他，在 18 岁被刺杀身亡时，已经结过 5 次婚。他做的最臭名昭著的事情是从天花板上撒下玫瑰花瓣，甚至使他宴请来的宾客窒息而死，这一事件由能"激发好莱坞灵感"的画家劳伦斯·阿尔玛·塔德马爵士捕捉，并记录在画布上，就是在后面我们会提及的画作《赫利奥加巴勒斯玫瑰》（1888 年）。

玫瑰在象征着爱情、激情、奉献与奢华的同时，也还意味着战争、死亡及生命的脆弱。玫瑰花冠曾是用来嘉奖军事胜利的——老卡托（公元前 234—前 149 年）经常感觉到这一传统已经被贬低了，只要战争一结束，人们就立马戴上玫瑰花冠。在第二次布匿战争期间，有人看到卢修斯·富尔维乌斯，一个放债人，戴着玫瑰花冠站在自己的店门口，不久后他就被

狄俄尼索斯，希腊酒神，戴着玫瑰花冠，赫库兰尼姆，55—79 年

关进了监狱。还有种说法认为，罗马军团的标准，很可能就是要佩戴玫瑰花冠。

在逝者的前额和坟墓上放置玫瑰能表示永恒的爱。子女们留下钱来栽种玫瑰丛，用以纪念已故的父母，甚至在今天，许多国家的葬礼仪式都会涉及玫瑰。幸存的一些罗马晚期的葬礼肖像画上大都有玫瑰花环，可能是与 19 世纪 80 年代在哈瓦拉发现的花环有一样的用途吧。

关于古典时期玫瑰的结束语，可能要用到罗马诗人奥索尼乌斯（310—395 年）的诗《初开的玫瑰》。当时的罗马帝国在野蛮人的进攻压力下摇摇欲坠，奥索尼乌斯定居在波尔多附近，并种植玫瑰，他写道：

玫瑰新开，应惜花期采初蕾；

时光飞逝，莫待年华轻负春。

13 个世纪之后，罗伯特·赫瑞克用我们更为熟悉的语言重复了同样的思想：

趁青春年少，

快去采摘玫瑰花蕾，

时光飞逝不复返。

今朝花儿枝头含笑，

明朝就会凋零去。

第二章

无刺的
玫瑰

植物历史学家爱丽丝·科茨说："基督教的到来，颠覆了玫瑰的地位。"476年，随着罗马的沦陷，精耕细作的花卉栽培知识在西欧几乎消失了，与此同时，早期基督教作家谴责玫瑰，并认为它是罗马异教徒的享乐主义象征。

其他宗教则更有同情心。在波斯，琐罗亚斯德教长期以来都把玫瑰与他们至高无上的神——阿胡拉·玛兹达联系在一起。在他们的百科全书《邦达希书》中，他们经常提到这一点：所有的琐罗亚斯德天使都被分配到了一种花，而玫瑰是分配给一个名为丁·帕凡丁的人。琐罗亚斯德教可能是第一个将玫瑰的刺与邪恶联系到一起的教派，认为玫瑰在"毁灭之魂"阿赫里曼到来之前是没有刺的。在描绘没有罪恶的天堂时，玫瑰有光滑的茎的这一主题反复出现。

波斯被称为是"玫瑰之乡"。园艺设计师和植物历史学家潘克洛普·霍布豪斯曾指出，非常奇怪的是，波斯语里没有一个单独的词称呼"玫瑰"："gol"（亦写作"gul"）在波斯语里，既有花的意思，也是玫瑰的意思，也许是因为他们被太多的玫瑰包围着，脑海里想到的第一种花就是玫瑰了。有关玫瑰和夜莺的寓言故事，可以追溯到大约720年，是波斯和阿拉伯的诗歌以及装饰艺术中最常见的元素。它成为了关于玫瑰的最恒久的文学典故。

传统故事讲述真主安拉如何选择白玫瑰而非莲花作为他最喜欢的花。传说，众花神都在抱怨，因此，最神圣的花——莲花一到晚上就不开放了，并要求换一位花后。于是，安拉给白玫瑰安上刺，用以保护它。一只夜莺对这新花如此着迷，飞进了花丛，被玫瑰刺伤，血滴到花上，将白玫瑰变成了红色。玫瑰和夜莺都成为与爱情对比鲜明的符号，前者代表了爱是美丽的，但常常很残酷，而后者代表了奉献。

当波斯的萨珊帝国（224—651年）随阿拉伯的统治而消失时，它的大

水彩画，展示了为曼杜苏丹蒸馏和配制玫瑰水，罕德·米尔，1495—1505 年

部分文化、传统和品味都被其穆斯林征服者吸收。

用玫瑰历史学家爱德华·邦亚德的话说，就是"在随后入侵叙利亚——那个古典玫瑰的故乡时，胜利者阿拉伯人却被玫瑰征服"。一个传说很快进入了穆斯林神话，说当穆罕默德骑着他的马阿尔布拉克走向天堂时，停在了耶路撒冷的圆顶清真寺旁，从他头上的汗珠里生出白玫瑰，从阿尔布拉克的汗珠里生出黄玫瑰。直到今天，穆斯林仍不愿意踩踏在玫瑰花瓣上，而是把花瓣扫走或是拾起，以免践踏到它们。

伊斯兰世界也继承了波斯人的天堂花园观念，这种观念曾对希腊人产生了很大的影响。阿拉伯语指的天堂，简单地说就是"空中花园"。波斯的带围墙的花园是真实存在的。可以理解，在如此干旱的地区，他们的乐趣之一就是源源不断的流水。玫瑰是这些花园里最重要的花，即众所周知的古丽斯坦——玫瑰园或者花园。波斯的宫廷诗人法鲁基（约980—1037年）在他的诗颂集或诗集中提到的玫瑰听上去像是一种可以重复开花的玫瑰，很可能是大马士革蔷薇的一种变种或者说是秋季大马士革蔷薇，因为它有迷人香气和第二次开花的特点而备受珍视。

从商业角度来说，在阿拉伯人的统治下，玫瑰花不再像希腊人和罗马人统治时期被种植来用于花环和花冠的制作，而是用来生产玫瑰水。这种带香味的水曾经是、现在也还是用来烹调美味佳肴及礼仪上在祷告前清洗身体和建筑物的原料。1187年，萨拉丁在粉碎了十字军进攻的哈丁战争以后，他下令所有的神圣建筑包括耶路撒冷的阿克萨清真寺以及那些曾被改做基督教教堂的建筑都要被净化，都要用玫瑰水将其彻底冲洗干净。据说，需要的玫瑰水太多了，必须用500只骆驼从大马士革运来。1453年，当年仅21岁的奥斯曼·苏丹·穆罕默德二世占领君士坦丁堡时，同样的仪式再次上演，他下令用玫瑰水净化并冲洗圣索菲亚大教堂。玫瑰水对伊斯兰习俗的重要性可能源于早期波斯时期玫瑰的神圣地位。

苏菲教派是混合的波斯宗教，其吸收了伊斯兰教和基督教两种宗教的信仰，把玫瑰视为与神合一的象征。

玫瑰在苏菲派诗歌中骄傲地占有一席之地，如萨迪的《布斯坦》（又名《果园》或者《芳香花园》，1257年）和《玫瑰园》（1258年），以及萨德·乌德丁·马哈茂德·沙比斯塔里的《神秘玫瑰园》（1317年）。后者用玫瑰作为隐喻，回答了15个有关苏菲信仰的问题，这些读者都很

奥斯曼帝国的苏丹·穆罕默德二世（1432—1481 年）闻玫瑰花，土耳其细密画，15 世纪

熟悉。西方对中世纪的波斯的观点，至今还大多出自爱德华·菲茨·杰拉德在 1859 年翻译的《鲁拜集》，其中谈到了苏丹、商队，当然还有玫瑰和夜莺，但对波斯有更多的了解是后来的事了。

由于玫瑰在波斯和阿拉伯依然非常重要，所以玫瑰种植的技术没有像在西欧那样消失，相反，玫瑰种植技术蓬勃发展，并跟随他们的行迹进行传播。771 年，当阿拉伯人到达西班牙时，很可能随行带去了中东玫瑰。

玫瑰的趣事之一是它们能以种子或者休眠根的形式很好地传播出去。植物历史学家约翰·哈维追溯了 6 部谈及阿拉伯人统治下的南部西班牙种植玫瑰的著作，从 *Le Calendrier de Cordue*[1]（约 970 年）开始，到波斯的《农业论》（约 1450 年）结束。

当玫瑰在伊斯兰教地区茁壮成长时，它在犹太教和早期基督教地区的生存状况却很有问题：犹太教的宗教仪式，无论过去或现在，都很少用到花。《旧约全书》谴责把玫瑰或其他的花用作花环、花冠的行为，大概就是与它们象征异教徒有关。然而，在《圣经》里面提到的"玫瑰"一词，通常却是指另外一种植物。最著名的一个例子是"旷野……必像玫瑰开花"。修订版保留了"玫瑰"一词，但添加了一条编注，说明这其实可能指秋番红花。类似的还有，当所罗门之歌（雅歌）里的新娘唱到"我是沙仑的玫瑰花"时，可能指的是木槿花。

当然也有毫无争议的关于"rose"表示玫瑰花的记述，也是出现在所罗门之歌里的：

> 那些离弃正道的人们，推理不正确，心里想："我们要用昂贵的酒和膏油充盈自己，不要让春天的花路过。在玫瑰花蕾枯萎之前，我们要用它作为冠冕。我们中没有人不与它一同在我们骄傲的宴乐中。"

这本书写于公元前 10 世纪中叶，已经清晰地传达出一个残酷的信息：佩戴玫瑰花冠、花环象征着异教徒和异端，早期的基督教徒也赞同这个观

---

[1] 未查到准确译名，直译《弦乐时间表》。——译者注

点。比如2世纪亚历山大港的克莱门特说道："玫瑰的香气极为清爽，而且，它确实能缓解和祛除头痛，但是我们是禁止涂抹玫瑰精油的。是的，甚至是这样的禁止令也是不允许的。"

即使在传说中，十字架上的耶稣头戴的荆棘之冠由犬蔷薇的茎做成，而且另一株在耶稣十字架旁边并可以让撒旦顺着它爬上天堂的也是犬蔷薇花丛，但这些都没能让基督徒接受玫瑰。

不过，从3世纪开始，玫瑰逐渐恢复了它的活力。几个早期的圣人赞美或者谈及了玫瑰的用途。他们包括：圣塞浦路斯（于258年殉道）、圣杰罗姆（约347—420年）和圣本尼迪克特（约480—547年）。圣多萝西，是园丁和花艺师的守护神，在戴克里先时期，她因被迫害于311年殉道，她经常以手持红玫瑰的形象示人。到了大约430年，基督教诗人塞杜利乌斯已将圣母玛利亚和玫瑰联系起来了：

好似那绽放在荆棘中的美丽的玫瑰一样，

她自己没有荆棘，

灌木丛的荣耀，她是谁的冠冕？

于是，源于夏娃，新来的少女玛丽亚，

为很久以前的第一个少女赎罪。

在之后的千余年里，玛利亚的无刺玫瑰的形象成为天主教堂内的一个重要主题。白玫瑰代表她的贞洁，红玫瑰代表她遭受的痛苦，而五瓣蔷薇则成为基督徒的创伤的象征。白玫瑰主要是与纯洁和谦虚有关，而红玫瑰——事实上更接近深粉色，而不是到近代才出现的血红色——很久以来都与殉道相关。一个最典型的故事是圣阿尔班——第一位英国基督徒殉道者，他于209年6月22日被斩首（尽管他的故事还存在很大的争议）。

传统的说法是，在他行刑的地方长出了一朵红色玫瑰。数十个世纪以来，人们都会在这一天举行游行来缅怀他。游行队伍里有圣阿尔班巨大的木制雕像，他的长袍边上绣着红玫瑰图案，人们以"殉道者的玫瑰闪耀着的灿烂的光芒映着圣阿尔班"这一句作为祈祷词的开端。

　　玫瑰也与其他的奇迹联系在一起。在 584 年，图尔斯的梅罗文加历史

圣·拉德冈德因其玫瑰种植技术和对玫瑰的热爱而知名，圣·拉德冈德的画家，《圣·拉德冈德的生活》，约 1496 年，泥金写本

学家圣·格雷戈里写道："它们在一月已经盛开了，这只是在高卢出现的许多征兆之一。"维南提乌斯·福图努斯（约530—609年）是一位在法兰克宫廷中声名鹊起的拉丁诗人，他的诗中写过两位王后创建的玫瑰花园。这两位王后，一位是希尔德贝尔特一世（496—558年）的那位令人印象深刻的妻子奥特哥特，另一位是图林根公主——梅罗文加国王克罗泰尔的妻子拉德冈德（约20—587年）。在她的丈夫杀死了她的弟弟之后，拉德冈德逃到了一家修女院。她和维南提乌斯成为朋友，也正是从他的作品中，我们了解到了她对玫瑰的热爱。虽然她过着节俭的生活，可能只吃扁豆，但她对玫瑰的热爱和种植技术都能从维南提乌斯关于拜访她并与她一起就餐的情景描绘中体现："桌子上的玫瑰几乎和田野里的一样多。"拉德冈德以穿苦行衣而出名，但这并没有妨碍她用心爱的花包围自己。"无论你走到哪里，"维南提乌斯写道，"一朵残缺的玫瑰都在向你回眸。"

768年，梅罗文加法兰克王国瓦解之后，继续统治西欧大片领土的是查理大帝（745—814年），他于800年的圣诞节加冕，并成为神圣罗马帝国的奠基人。他的诸多政绩中包括列出清单规定修道院里应该种植哪些植物。他统治的地区包括今天的法国、德国、低地国家、意大利等大部分欧洲地区。而那列出的清单在瑞士圣加尔修道院中至今仍存有一份，里面大部分都是药用草本植物，还提到了两种特殊的观赏性植物："我们的意愿是（修道院里）可以种各种花园植物，特别要提到的第一是百合，其次是玫瑰。"

玫瑰历史学家们曾指出这里所用词形的特殊意义：百合花用的是单数形式，而玫瑰是复数形式——有可能意味着，当时种植的百合只有一个品种，而玫瑰不止一个品种。这些玫瑰极有可能是绯红蔷薇、白蔷薇和深色法国蔷薇。据说，查理大帝为他在亚琛的朝廷进口大量玫瑰水，他在旅行时发现了它的香味。他也许受他后来的高级顾问——英国学者阿尔金的影响很大。阿尔金离开约克，加入查理大帝的朝廷时曾这样述说他的怀念："别了，亲爱的回廊，那里苹果花的芳香正在升腾，那里白色的百合与红色的玫瑰交相辉映。"

相传，生长在德国南部希尔德斯海姆大教堂墙边的犬蔷薇，是由查理大帝的儿子——虔诚者路易在 818 年教堂完工不久时栽下的，这使它成为现今存活时间最久的玫瑰。故事是这样的：据说，路易丢失了一件珍贵的宝物，后来在玫瑰花丛中被找到。为了表示感激，他在找到宝物的地点建起一座教堂，后来其演变成了大教堂；他又在教堂种下玫瑰。这株玫瑰经历二战的洗礼却依然存活，不像大教堂一样毁于炮火，之后又被重建。

到了中世纪，尽管玫瑰在西欧得以平反昭雪，但由于没有很好的植物学或园艺学资源，至今仍不清楚那时人们种植有哪些品种，在哪里种植，采取怎样的种植方法。千年以来，详细的园艺记录非常少，而且不太可信。直到 1265 年，为庆祝一月份的主显节，知名的多明我修士[1]——大阿尔伯特在为神圣罗马帝国荷兰的皇帝威廉举办的宴会上，准备了盛开的玫瑰花丛，那时的人们还以为他使用了魔法。事实上，他用的方法可能与《巴黎圣母院》中描述的方法相似，就是把带花苞的玫瑰贮藏在密封的桶里，待到冬天时再开花。大阿拉伯特撰写了一篇被称为"阿丁西部唯一的理论植物学家"的文章（约 1265 年）。里面提到了 5 个玫瑰品种，经鉴定，它们是：白蔷薇、旋花蔷薇、犬蔷薇、朱红蔷薇，还有一种红色的，可能是法国蔷薇。

大马士革蔷薇，顾名思义，极有可能是从叙利亚的大马士革带回到法国的，但没有人确切地知道它是什么时间被带回的。同样，传说纳瓦拉赫卡佩王朝的国王蒂博特四世（知名的香槟伯爵和吟游诗人）在 1239—1240 年"男爵十字军"出征时，把药剂师玫瑰带了回来。据称，可能是为了安

---

[1] 天主教多名我会：也被译作"多明尼教派""多明各"等，又称布道兄弟会、道名会，会士均披黑色斗篷，因此称为"黑衣修士"。——译者注

全；他或许是将这株植物放在他的头盔里带回法国的。一经带回，这种玫瑰即刻在法国巴黎东部土壤肥沃的葡萄种植区的小镇普罗万取得了商业上的成功。

当然，这有可能是19世纪早期人们为了促进小镇与玫瑰的联系而虚构的故事。真实的情况是这样的：因为它浓郁的香气，那个"药用植物"很快就变成人们所熟知的药剂师玫瑰，或称普罗万玫瑰。普罗万当地的草药师开始将它们的花瓣保存，作为保健用品出售。如今，镇上的一些旅游

千年玫瑰，德国汉诺威，希尔德斯海姆大教堂，据说是818年查理大帝的儿子虔诚者路易栽种的

商店里还出售玫瑰口味的蜂蜜、甜酒和其他美食。

对今天的许多人来说，短语"圣洁的气味"意味着自以为是的假慈悲、伪善，但是对于虔诚的天主教徒来说，它仍然是指圣人身上散发的难以形容的香味，而通常是指从圣伤的伤口里散发出来的气味。例如，自受人尊崇的圣比约神父（1887—1968 年）封圣后，兴起了售卖香味念珠的行业。念珠被雕刻成玫瑰的形状，并浸泡玫瑰味的香气，以唤起人们对中世纪念珠起源的记忆。

米歇尔·贝索佐，《玫瑰园中的圣母玛利亚》，约 1420—1435 年，画在面板上的蛋彩画

关于念珠起源的说法有几个版本，原取自玫瑰园的拉丁语。

最流行的一个说法与一个西班牙牧师多明我·德古兹曼有关，他因未能使法国西南部的异教徒卡萨人皈依而感到悲伤绝望，因此隐居到一个山洞里。在那里，他见到了圣母玛利亚现身，玛利亚交给他一串珠子，并告诉他向卡萨人"宣扬我的圣歌"。实际上，卡萨人已遭到屠杀，但这个年轻的修士依然继续建立起多明我会或称"黑衣修士"，后来，他被封圣，称为圣多明我。另一个版本是说，年轻的修士在向圣母玛利亚祈祷时，她出现在他面前，并用150朵玫瑰花做成花环。当她完成时，玫瑰花紧缩成了玫瑰花蕾，形成一条项链，多明我将项链珍藏了起来。

这个故事还有一些版本，其中之一是圣母玛利亚留下的念珠充满了天堂之花——玫瑰的香味。从那时起，就开始形成了用玫瑰花瓣卷成念珠的习俗，西班牙阿维拉的卡梅利特修女仍然沿袭这一传统。天主教的这种把玫瑰和祈祷念珠联系到一起的方式是独一无二的。历史学家爱蒂尼·威尔金斯说，数个世纪以前，印度教的念珠是用木槿花瓣捻成的，在《旧约全书》译本里，木槿经常会和玫瑰弄混。

关于念珠的真正起源无人知晓，到15世纪70年代，阿拉鲁斯·德·鲁普，一位多名我修士计划成立第一个念珠会，一个专注于崇拜念珠的兄弟会。尽管他在兄弟会成立之前就去世了，这是已知关于念珠作为在祈祷中起正式用途的最早记录。这可能是从早期基督徒用来祈祷的"主的祷告珠"发展而来的，而它的前身就是打结的绳子。东正教基督徒、穆斯林、印度教徒、佛教徒、巴哈教徒和锡克教徒均使用某种形式的念珠。

天主教会越来越鼓励使用念珠作为对圣母玛利亚崇拜的一部分。念珠一词也被用于对她的赞美诗中。早在11世纪，天主教徒就被教导要学会万福玛利亚并要熟记于心——除了使徒信条和主祷文这些强制性必须会的以外。

爱蒂尼·威尔金斯还发现，到了13世纪时，整个欧洲遍布造珠协会，这反映在街道名称上,例如伦敦的帕特诺斯特路以及维也纳的帕特诺斯特-加森路。勒班多,是 1571 年 10 月 7 日天主教联合舰队战胜奥斯曼帝国的伟大战役所在地,至今还有庆祝玫瑰圣母节的瞻礼,这是 1573 年由教皇格列高列十二世钦定的纪念圣母玛利亚的节日。

中世纪有一些宗教以玫瑰为中心,通常涉及虔诚的妇女。匈牙利的圣伊丽莎白王后(1207—1231 年)在仲冬时拿面包给穷人吃,被她的国王丈夫发现。他认为这有损她王后的尊严。但当他打开篮子的盖时,面包奇迹般地变成了盛开的红玫瑰。在另一个类似的故事里,也是在冬天,卡斯西亚的圣丽塔(1381—1457 年)在病床上提出想要玫瑰花,而当时地上都是

为纪念圣帕德雷·皮奥(1887—1968 年)的一串有香味的玫瑰花蕾念珠

积雪。她的一个朋友出去为她寻找，竟然真的找到了一朵红玫瑰。1900年她被封为圣徒。圣丽塔是无望事业的守护神，在西班牙，她的圣日[1]那天信徒们都会佩戴红玫瑰。

玫瑰还与各种教会礼仪习俗有关，无论是耶稣升天日，还是圣灵降临节均冠以玫瑰之名，即玫瑰节，前者始于1366年。在意大利复活节之后的第50天会从教堂室内的圆顶上散落大量的玫瑰花瓣，花瓣代表圣人炙热的舌头。在西欧，玫瑰花冠总是和教会的神圣礼仪联系在一起，不过只有处女戴的玫瑰花冠才有这个意义。经文书籍和圣诗篇也因众所周知地被比喻成花园，尤其是"玫瑰花园"或者"玫瑰花坛"，而变得熠熠生辉。

另外一个关于玫瑰的例子是教皇的金玫瑰。没有人知道是从什么时候开始的，但是在1049年，教皇利奥九世已指出，这是一项古老的传统，用金银丝制成。早期的金玫瑰上绘着红色的装饰，但很快就演变为镶嵌着宝石，大多数是红宝石，中间是一个用来装香脂或麝香的容器。每一年都会制成一个这样的金玫瑰，一开始是一束五瓣的小玫瑰花，后来演变为一束更加闪耀的花束。

教皇每年都会用金玫瑰来授予一位表现杰出、忠诚奉献的统治者。早期的获奖者有：1444年英格兰的亨利六世、1482年苏格兰的詹姆斯三世、1493年西班牙卡斯蒂利亚女王伊莎贝拉一世（为奖励在1492年，她和丈夫阿拉贡的费迪南终于将入侵的摩尔人赶出西班牙）。1519年，萨克森州的腓特烈大帝因反对马丁·路德也获得金玫瑰。英王亨利八世在与罗马教会决裂之前得到过三次金玫瑰，分别由三任不同的教皇授予，还因其强有力地保卫了天主教神学而被冠以"忠诚的卫士"的称号。在霍林斯赫德的《编年史》（1577年）里有一段生动的描写记录了1524年教皇克雷芒七世授

---

[1]　圣日：圣徒节，一般为圣徒的忌日。——译者注

予亨利八世金玫瑰的情形：

> 那是一棵由精金锻造的有树枝、叶子和花朵的玫瑰树。这棵树放在一个约三尺高的古代风格的金盆里。最上面的玫瑰镶嵌有美丽的蓝宝石，蓝宝石足有橡子那么大。这棵树约有一尺高。

从 17 世纪中叶开始，这项荣誉只授予王室女性，而男性则被授予"圣剑和圣帽"。应该是最虔诚的女王——玛丽一世在 1555 年获得过一次，而

2017 年 6 月，五旬节弥撒期间，玫瑰花瓣从罗马万神殿眼洞窗撒落到会众身上，意味着圣灵降临人间

她的表妹苏格兰女王玛丽在1560年也获得了此项荣誉，还有法国、匈牙利、那不勒斯（曾为波旁王朝统治的两西西里王国的首都）、波兰和西班牙的王后也曾获得过金玫瑰。如果没有合适的人当选，那么就把金玫瑰收藏起来，直到发现实至名归的人。教皇对金玫瑰的祝福仪式仍在四旬期间第四主日举行，即欢欣星期日，它也被称为玫瑰周日，这是整个大斋期唯一可以脱掉紫色法衣，穿上玫瑰粉色法衣的一天。如今，金玫瑰奖项更倾向于

收藏于奥地利维也纳霍夫堡皇宫国库内的金玫瑰

授予圣地而不是个人，最近的三个获奖地分别是墨西哥、波兰和葡萄牙。

炼金术士也把玫瑰画成五瓣的形状，作为代表魔法与神秘的符号——五芒星。玫瑰花也曾被描述成魔法师的智慧之花。从古典时期开始，玫瑰就与秘密联系在一起。这也许是源于一个神话：厄洛斯送给哈伯克拉底一

玫瑰十字会的标志——玫瑰花和十字架，罗伯特·弗鲁德，《至善》，1629 年

束玫瑰花，请他不要把其母亲阿芙罗狄蒂不检点的事说出去[1]。另一个故事是关于习语"玫瑰花下"，寓意着"秘密的、不能公开的"。这出自一个不那么异想天开的故事。在公元前479年，希腊士兵被波斯国王驱赶出来，据说，他们藏在玫瑰丛后面，准备策划一次成功的反击。不管这句话的真正出处是什么，"玫瑰花下"[2]这个短语在欧洲国家被广泛采用。罗马人在天花板上画玫瑰图案；中世纪的会议室里在天花板上悬挂一朵玫瑰，这都是提醒参会者保守秘密，甚至到今天，我们仍然会把中央灯叫做"天花板玫瑰"。告解室里也开始雕刻上玫瑰，表示牧师会保守秘密。西班牙特有的一个习俗是在耳朵后面戴上一朵玫瑰，这据说是另外一个保守秘密的象征。

玫瑰也是神秘的玫瑰十字会的象征，玫瑰十字会得名自14世纪德国的神秘魔术师基督徒罗森克洛兹。根据1614年出版的小册子《关于玫瑰十字兄弟会的报告》，罗森克洛兹活了105岁，他的尸体被藏起来并完好地保存了120年。这个会社很神秘，没有人知道是谁写了这个小册子，没有人知道这个会社还有其他什么要遵循的规则。新入会社的人员会被告知到时会被"发现"的，也并没有线索能指出在背后支持兄弟会的人。他们信仰的一部分是基督教，一部分是诺斯替派，他们拒绝物质世界，因为相信精神会为他们注入神秘力量。研究玫瑰十字会的专家克里斯托弗·麦金托什确信"玫瑰十字图案具有吸引人的特质"，这有助于人们对玫瑰十字会的持久崇拜。这可能是有关玫瑰的历史上永远无法完全理解的一部分。

---

[1] 这里是希腊神话的版本，如果换成罗马神话的版本，相信多数人都知道，就是丘比特用一朵玫瑰贿赂沉默之神，阻止了关于他母亲维纳斯不忠的流言。因此玫瑰又表示沉默和保密。——译者注

[2] 玫瑰花下，指"under the rose"，意为"纯属私下交谈，不能公开"。"玫瑰花下"协议即机密性协议，需要双方保密。——译者注

ROSE

第三章

皇家玫瑰

在法国南部城市普罗旺斯的埃克斯边缘，曾环绕着被大风吹袭的橄榄树林，在那里，坐落着一幢 13 世纪的哥特式教堂——马耳他圣若望教堂。它建于一座小修道院之上，是普罗旺斯伯爵雷蒙德·贝朗热四世（1209—1245 年）的墓地。教堂内有一座他身着铠甲、金碧辉煌的纪念雕像。他左手握着传统样式的剑和盾牌，右手拿着一枝重瓣玫瑰，并将玫瑰放在其胸口，就像刚刚从玫瑰丛里摘下它一样。13 世纪建成时，雕像可能是彩绘的，到现在还能依稀看出玫瑰的颜色。那似乎是金色的，因为教皇伊诺森四世曾授予贝朗热四世金玫瑰奖。这是至高无上的荣誉，因此，雷蒙德·贝朗热四世将玫瑰作为家族的徽章。他的女儿埃莉诺自然也采用玫瑰作为她的象征。这对英格兰人来说意义非凡，因为在 1236 年 1 月 14 日，普罗旺斯伯爵埃莉诺离开她父亲的公国，嫁给了英格兰国王亨利三世。

埃莉诺的标志是一枝绿色茎的金玫瑰，这由她的两个幸存的儿子所继承。长子爱德华一世（1239—1307 年）是英格兰第一位选择将玫瑰用作象征的国王。在威斯敏斯特教堂里，有一座他青年时期的雕像，那是最早佩戴玫瑰的英国皇室成员形象。他的弟弟埃德蒙即兰开斯特伯爵（1242—1296 年）选择用一朵红玫瑰作为他的象征。通过与阿托伊斯的布兰奇联姻，埃德蒙成为了巴黎东部的香槟伯爵，并在普罗万小镇上度过了一段时光，那时的普罗万已经是法国"药剂师蔷薇"或称"药剂师玫瑰"的种植区。很可能是埃德蒙将此品种带回英格兰，并采用它作为自己的象征，开创了兰开斯特家族与红玫瑰之间永久的联系。

当然，这里的红玫瑰和白玫瑰与我们现在所说的"玫瑰战争"（1455—1485 年）有关。这个词是沃尔特·司各特爵士在小说《盖尔斯坦的安妮》（1829 年）中创造出来的："在红玫瑰和白玫瑰战争中，平民的纷争持续不断。"这个意象已经存在好几个世纪了，尤其是在被莎士比亚戏剧化以后，它更加为大众所熟知。在《亨利六世》第一幕中，他描写战争起源于圣殿花园的著名场景，在周围长满玫瑰的凉亭，理查·金雀花，也就是后来的约克公爵催促他的朋友们效仿他的做法："就请他随我从花丛中摘下一朵白色玫瑰花。"萨默塞特公爵接过话头："谁要不是一个懦夫，不是一个阿谀奉承的人，敢于坚持真理，那就请随我摘下一朵红色玫瑰花。"当朋友们都选择好派别后，关于忠诚和背叛的、略带讽刺的双关语仍在继续："你采花的时候要当心，不要让花刺戳了你的手，否则你的血把白花染红了，你就会不由自主地站到我这边来了。"而金雀花则机智地反驳道："萨默塞特，你的玫瑰树上不是生着烂皮疮吗？"而萨默塞特则说："你的树上不是长着刺吗，金雀花？"以花的颜色区分的两派之间的舌战如此这般地持续着。最后，伴随着华列克伯爵的预言，这一幕结束了：

今天，

在这议会花园里由争论而分裂成的

红玫瑰、白玫瑰两派，

不久将会使成千上万的人丢掉性命。

贵族成员们最开始选择个人象征是因为在战场上需要以此识别身份。从 12 世纪早期开始，人们开始使用一种名叫"摇篮"的头盔。这种头盔与被它所取代的诺尔曼头盔相比，能更好地保护脸部，但却更难使你分清你正与谁并肩，或与谁对战。所以，骑士们和随从们在盾形徽章或头盔的羽饰上增加了独特的设计，加入了许多大自然之物，比如花朵、水果和树叶。一种描述这种设计的正式的纹章语言也逐渐形成。纹章（盾徽）即对家族徽章的书面描写，其中经常提到玫瑰"带刺的"是指萼片与花瓣的颜色不同的玫瑰，通常显示为绿色；而"种子"是指玫瑰的中心或者其雄蕊；被描绘成其自然本色的花叫做"正品"。最常见的是五瓣玫瑰，带有皇家色彩。

细密画，描绘《爱的城堡》中的场景，镶边上有亨利七世的皇家武器及分别代表伊丽莎白和约克郡的红玫瑰和白玫瑰

较少见的是大马士革蔷薇这一种重瓣蔷薇，而且通常带花茎。

单瓣的玫瑰徽章标识的变化可以追溯到罗马时代的花冠。传统的（花冠）特征是4朵玫瑰花散列在树叶环上，但也可以是没有树叶的纯玫瑰花。玫瑰的另一个徽章用途，现在很少见到，是作为一个"韵律"，用来显示其主人在家族中的排名。家族里的每个儿子都拥有家族徽章，但每个人要用一个附加符号与其他人区分开来。家族中第七个儿子的符号就是玫瑰。

玫瑰也成为了骑士典则的一部分。从意大利到英格兰，骑士们和他们的小姐们用玫瑰花茎来"打斗"，或者像在《爱情城堡》里那样，将一整篮的玫瑰倒在对方头上，这是在象牙雕刻上经常描写的一个讽刺寓言。

爱德华一世的后人们选择不同颜色的玫瑰作为徽章，那时，白色玫瑰并没有什么特别的意义。直到科尼斯伯勒的理查娶了他的表妹安妮·德·莫蒂默，并采用她的白玫瑰作为自己的徽章。当他们的孙子成为爱德华四世时，他第一次把白玫瑰印在王国的硬币——一枚金币上。那就是我们现在所熟知的玫瑰金币。1464年，金币开始发行，金币上印刻着爱德华四世拿着一大朵五瓣玫瑰，站在一艘船的侧面中央。他还为坎特伯雷大教堂打造了一扇有玫瑰徽章的彩色玻璃窗，每一朵玫瑰都有一圈阳光做衬托，这也被称为"太阳玫瑰"。

1461年，爱德华四世在赫里福德郡的莫蒂默十字路击败兰开斯特军队。战争当天早上出现了"幻日"奇景，那其实是一种气象，人们能看到天空

爱情城堡中的进攻场面圆形标志，一个妇人向正在靠近的一个
骑士倾倒一篮玫瑰花，约1320—1340年

中有 3 个太阳。为庆祝胜利，爱德华给他的白玫瑰徽章加上了金色的太阳。由此才有了莎士比亚最著名的双关句："现在是我们不满的冬天，约克的太阳（儿子）会带来夏日的荣光。"这是《理查三世》的开场白。

莫蒂默十字路之战后 8 个星期，在约克郡进行的陶顿战役被称为"可能是英格兰大地上最大、最血腥的战役"，这场战役以爱德华四世从亨利六世手中夺得王位而告终。据说，在 1461 年 3 月 29 日的战役中，阵亡的战士可能多达 28000 人。战后不久，人们在他们的墓地栽种了代表"爱或是胜利"的玫瑰丛。传说，最开始种的是密刺蔷薇的一个变种，即一种矮小的苏格兰蔷薇："在花瓣上会出现一个粉色的圆点。描绘着兰开斯特人的鲜血。"然而，陆续到访维多利亚战场的参观者们太过热情，导致如今在陶顿的"血色草地"上已找不到野生蔷薇了。

当爱德华四世与兰开斯特骑士约翰·格雷爵士的遗孀——伊丽莎白·伍德维尔结婚时，伊丽莎白声明愿意放弃她的红玫瑰标志，而接受爱德华四世的白玫瑰标志。为进一步向国王表忠心，她被迫在每年的 6 月 24 日向爱德华四世献上一枝白玫瑰，作为皮戈修道院的"租金"。位于埃塞克斯的皮戈修道院是在她结婚时得到的赏赐。这是较早的关于"玫瑰租金"的例证，而且罕见地用了白玫瑰，而不是红玫瑰。

最古老的玫瑰租金仪式是每年献上一枝红玫瑰，作为违反 14 世纪建筑法规的罚金，是的，的确从那个时候开始就有了这类仪式。1379 年，罗伯特·诺利斯爵士的妻子在伦敦塔附近狭窄的希兴道两侧买下两个临街相望的房子，并打算将其以半梯台的形式连起来，即在一楼的高度建一个有顶盖的走廊，方便她进出对面房子后院的玫瑰园。而她的邻居们认为这种做法"过于大胆"而又"放肆"，因此向市政委员会投诉。因为她的丈夫是颇受人尊重的战士，市政委员会只是象征性地向诺利斯女士征收地税罚金。6 月 24 日，她从花园中采摘下一枝单瓣红玫瑰献给公会，而那与伊丽

亨利七世铸造的"君主"硬币和玫瑰里亚尔硬币，其背面是
都铎玫瑰，约 1400 年

莎白·伍德维尔献给爱德华四世白玫瑰是同一天。

"玫瑰租金"的这个风俗在英格兰各地都重复上演，并且总在同一天——6 月 24 日，即施洗者圣约翰日——也是玫瑰开得最好的时节。这个习俗也沿袭至今。2014 年，一位女士在温切斯特捐赠了部分土地，用以建造一座新的临终安养院。她向业主收取的费用不是胡椒粒，而是要求在每年的仲夏日时献上 12 朵红玫瑰，作为这块地的地租。这个习俗还跨越大西洋，美国是在 1731 年从宾夕法尼亚州的开创者威廉·佩恩家族开始有了红玫瑰租金日这一做法。到 20 世纪中叶，这种做法在一段时期内复兴，由康拉德派尔玫瑰公司邀请佩恩家族的后人——菲利普·佩恩·盖尔凯斯

尼古拉斯·希利亚德，《伊丽莎白一世画像》，约 1574 年，伊丽莎白的衣袖上有黑线刺绣的玫瑰，左上角有都铎玫瑰图案

向罗伯特·派尔征收玫瑰育种园土地的红玫瑰租金。后面会讲到，罗伯特·派尔就是那位著名的"和平"月季的策划人。

到底是哪一种白玫瑰和红玫瑰象征着英格兰皇家标识，我们尚不清楚。

纪念亨利八世的对句（联），庆祝约克家族和兰开斯特家族的联合布鲁日，约1516年

因为在流传至今的它们的形象中看不出明显的植物学细节，因此很难辨别。不过人们普遍认为：约克的白玫瑰是白蔷薇，而兰开斯特的红玫瑰是大马士革蔷薇或者法国蔷薇。同样，我们从约翰·加德纳大师的著作《园艺技艺》（1440 年）中得知，他所售卖的玫瑰也只被描述为红色和白色的玫瑰。

随着玫瑰战争的结束，当兰开斯特的亨利·都铎与查理四世的女儿约克·伊丽莎白联姻时，兰开斯特与约克两个家族最终还是走到了一起。"我们将把白玫瑰与红玫瑰联合起来，微笑着面对这完美的结合，对那长久以来的敌意不满。"莎士比亚的《理查三世》的结尾中，亨利·都铎这样说道。从纹章学的角度，这在都铎玫瑰标识上也体现了出来——都铎玫瑰的标识是两朵玫瑰的结合，外面一圈是五瓣兰开斯特红玫瑰，里边一圈是小一点的五瓣约克白玫瑰。

亨利七世创建了都铎玫瑰标识之后，玫瑰在英格兰随处可见。1485 年，在他加冕后不久，来访大使在伍德斯托克庄园的住所与他见面时，发现"新画上去的红玫瑰、港口、灰狗和红龙"都是亨利七世的徽章图案。后来在里士满宫，从皇宫庭院的蓄水池到房顶的栋木，到处都散布着红玫瑰。到了亨利八世继位时，托马斯·摩尔描写到两种玫瑰如何统一："合并成兼具二者特色的一种花。"

除了都铎时期的纹章形象，英格兰皇家花园里也是遍植玫瑰。16 世纪40 年代，在南华克工作的亨利八世的园丁购买了 1000 枝大马士革蔷薇和3000 枝"红色罗西尔"。整个 16 世纪，玫瑰都是英国象征主义的中心，表现在铸币和船名（包括亨利著名的"玛丽玫瑰号"）、纹章学、酒馆名称（特别是"玫瑰和皇冠"）和剧院，尤其是在服装上。花卉刺绣是一种独特的英国时尚，各种各样的花卉，从康乃馨到玫瑰，都被精巧地缝在面料上，制成做工繁复、价格不菲的装束。

在都铎王朝的所有君主中，与玫瑰关系最为密切的是伊丽莎白一世

（1533—1603 年），这些玫瑰中尤其是红蔷薇，即多花蔷薇或者野蔷薇，它芳香的叶子和简单的花形象征着她的童贞。牛津大学博得利图书馆里的伊丽莎白女王圣经的封面上就绣着两朵都铎玫瑰和多花蔷薇。伊丽莎白一世身着华丽绣花礼服的肖像画里很少没有玫瑰花。最典型的就是尼古拉斯·希利亚德绘制的肖像画（约 1574 年）。伊丽莎白的打底衬衫上用黑线绣了都铎玫瑰和野蔷薇，在画的左上角有一个都铎玫瑰的标识，并且很少见地配了叶子，加上了小王冠。

约翰·杰拉德（1545—1612 年）在他的《草本志》（1597 年）的卷首插图里绘制了一幅多花蔷薇。他一共画了 14 个不同种类的玫瑰，虽然有的彼此之间很相似。他在"关于玫瑰"的一章中这样开头道："玫瑰这种植物……"

虽然玫瑰是带刺的灌木，但它更适合、更方便与世界上最美的花联系在一起，玫瑰称得上是所有花当中最重要的花。有一些是红色的，有一些是白色的，且大多都有清甜的香味。

杰拉德收录了所有已知的英格兰玫瑰品种，并注明"这里所有的玫瑰在伦敦的花园里都能找到，除了不带刺的玫瑰——这在英国是找不到的"。

不计那些重叠的种类，杰拉德谈到的有白蔷薇、普罗万玫瑰、大马士革蔷薇，还有一种通常被称作"大省蔷薇"的花，但荷兰人无法接受这个名字，因为他们说这个品种最早源自荷兰，所以应称其为"荷兰玫瑰"，即后来的"百叶蔷薇"。《草本志》中另有一章节专门讨论了单瓣和复瓣麝香蔷薇。我们还发现，在这本书里提到了第一个黄色的玫瑰品种，也是既有单瓣又有复瓣，杰拉德把它们分别称为"黄蔷薇"和"肉桂色蔷薇"。他还指出，野蔷薇包括伊丽莎白最爱的多花蔷薇，生长在"英格兰的大部分地方。它生长在牧场上，大概在叫做'骑士桥'的伦敦附近的小村庄朝向附近的富勒姆村庄方向的一个牧场上，还生长在许多其他的地方"。

在伊丽莎白去世后不久，1603 年，伦敦的植物学家、药剂师约翰·帕金森在他的著作《植物园或植物剧院》中为 24 个不同的玫瑰品种进行命名，比 1597 年的杰拉德版本多了 10 个品种。杰拉德与帕金森都提到了一种杂色玫瑰。杰拉德叫它"绯红麝香"，帕金森称之为"杂色玫瑰，代表约克和兰开斯特家族"。今天的杂色玫瑰与大马士革杂色蔷薇，即约克·兰开斯特蔷薇和法国杂色蔷薇，或称"罗莎曼迪"（世界蔷薇）都有关联。曾经，人们都以为后者是以亨利二世（1133—1189 年）的情妇"美丽的罗莎蒙德"而命名的。据说，亨利二世的妻子阿基坦的埃莉诺（1122—1204 年）非常嫉妒亨利二世挚爱的罗莎蒙德，并设计杀死了她。罗莎蒙德的生命充满了神秘色彩，她最后死在牛津附近的一个修女院里，然而，并没有证据能表明"罗莎曼迪"是以她命名的。说句不那么浪漫的话，它更像是在 17 世纪诺福克的玫瑰丛里发现的一株变异蔷薇。

多个世纪以来，玫瑰一直与英国王室交织在一起，但是，在伊丽莎白一世去世之后，她的表亲两度被废黜，而苏格兰的詹姆斯六世成功继位，成为英格兰国王詹姆斯一世（1566—1625 年）。英格兰斯图亚特王朝的第一任君主詹姆斯一世发行了一枚 "玫瑰和蓟花" 硬币，在相对两侧分别印有他所代表的两个王国的两种花卉标志，并采用了他的个人徽章，将两种图案分开。1714 年，随着汉诺威人进入——安妮女王死后，汉诺威选举人乔治一世受邀继承大不列颠和爱尔兰王国的王位——玫瑰就不再是王室的官方徽章了。但是，白玫瑰仍被保留下来，并作为雅各布的象征。国王詹姆斯二世决心恢复天主教的地位，或准备以后让斯图亚特的后人继承王位。雅各布帽子上佩戴有玫瑰形状的徽章。而现在有人仍在纪念 6 月 10 日的"白玫瑰日"即詹姆斯二世的儿子的生日，也就是"老僭王"——对雅各布来说，他才是正统的继承人。

在非正式场合里，玫瑰仍然是辨识英国身份的象征，而且这经常体现

法国蔷薇"杂色蔷薇"，或者"罗莎曼迪条纹高卢蔷薇"，
乔治·狄奥尼斯·埃雷特，1708—1770 年，水彩

在传统习俗上。西伯克郡的亨格福德有一个红玫瑰纪念仪式，曾向伊丽莎白二世和她的父亲乔治六世、祖父乔治五世以及曾祖父爱德华七世献礼。这个仪式来源于镇上的兰开斯特公爵的传统捐赠，而公爵头衔是君主如今仍然保留的爵位之一，捐赠仪式很可能是 14 世纪第一任公爵冈特的约翰（1340—1399 年）授权的。

1986 年，英国工党采用玫瑰作为其徽章。多年来，人们一直以为是极左翼和保守党都很害怕、忌惮的工党的政治顾问彼得·曼德尔森出的主意，

将工党的传统社会主义（共产主义）红旗标识给换掉了。但是，2001 年，BBC 电台四台的一档节目"人们为什么不喜欢政治顾问"中，前工党领袖尼尔·金诺克声称，实际上换徽章为红玫瑰是他的主意，而曼德尔森的作用只不过是坚持让设计师加长玫瑰的茎。在 1987 年的大选当中，金诺克失利，但玫瑰徽章却被保留下来，成为了工党的象征。该标志取消了曼德尔森设计的长花茎、现实主义的绿叶和一两个若有若无的刺，取而代之为简笔图形版的玫瑰。

1943—1944 年间，德国曾出现过一个短暂的反抗运动——白玫瑰运动，散布反纳粹的小册子。虽然他们只活跃了几个月的时间就全部被捕枪决了，但直到现在，在德国还有纪念他们的仪式，尤其是在曾经他们最活跃的地区慕尼黑。在路德维希·马克西米利安慕尼黑大学的土地上，建有缅怀他们的纪念碑。

另一个保留下来的玫瑰传统属于英国海军。每年的 8 月 1 日，都会有几个团的士兵在贝雷帽上佩戴白色"明登"玫瑰，以纪念 1759 年 8 月 1 日七年战争期间发生在德国威悉河畔的明登战役，这次胜利由于英军士兵以少胜多而知名。战争经过是这样的：在他们向战场开进的途中，士兵们在树篱间摘下玫瑰，戴在帽子上。与约克郡有关的来福军团总戴着白玫瑰，而兰开斯特步枪团戴着红玫瑰，皇家联军戴着红色和黄色的玫瑰。兰开斯特步枪团还有一个习俗——没人知道为什么——在晚上，军队里最年轻的军官会吃一朵玫瑰花，同时，军团的乐队演奏"明登进行曲"。也有一些纪念这次战役的 18 世纪的民谣，最出名的莫过于《荷兰低地》，其中，有这样一节：

我的爱跨越海洋，
穿着漂亮的红色外套，

肩上扛着步枪，

还有头上的红玫瑰。

从 18 世纪到 21 世纪期间的战争中，玫瑰仍然是一种纽带，大马士革蔷薇的名字将玫瑰与饱受战乱的叙利亚首都大马士革联系在一起；甚至 19 世纪的一些英国旅行者中有一个传说，叙利亚这个名字并不是像有些学者深信的那样，来自于"亚述"，而是来自于"Suristan"。"Suri"在波斯语中，是红玫瑰的意思，这使叙利亚成为又一个"玫瑰之乡"，就像波斯一样。

在一段时期的每天晚上，当我一边整理这本书，一边在电视新闻里收看叙利亚战争时，我总是感觉"玫瑰之乡"的说法看似不太可能。直到一个关于阿布·沃德的短视频开始流传。他原本在叙利亚北部曾经辉煌的城市阿勒颇经营着一家玫瑰苗圃。他名字的含义是"花卉之父"。当他的苗圃被炸毁后，他就开始在环形路口种植玫瑰，然后把一束束的玫瑰赠送给当地的家庭。2016 年 8 月，在四台的新闻采访中，他说，他相信即使是在这令人难以置信的灾难场景中，"花可以帮助这个世界，没有比花更美的事物了"。几天之后，就在新闻播出之前，他在一场轰炸中丧生，留下一个年仅 13 岁的儿子，但是他的信念和他对玫瑰的爱将永存。

第 四 章

现代玫瑰
的 诞 生

1768 年，当伦敦切尔西植物园的首席园丁菲利普·米勒编撰《园丁词典》第 8 版，也就是其最终版本时，只罗列出了 46 种玫瑰。然而仅仅 40 年后，1808 年，伦敦的顶级苗圃李与肯尼迪已能列出 220 个不同品种，到了 1818 年，其玫瑰目录中还收录进约翰·肯尼迪刚刚从法国带回的第一批标准玫瑰。克莱伦斯公爵是肯尼迪的众多皇室顾客之一，他对这些玫瑰非常着迷，于是以单价 1 几尼的价格将每种玫瑰都订购了 1000 枝。30 年以后，在 1848 年，玫瑰种植者威廉·保罗将他目录中的上百种玫瑰划为了 38 个不同的组。他写道："这样的变化是如何发生的呢？这是一个漫长的、精心的、系统的文化发展过程。"大多数的变化不是发生在米勒词典之后的 80 年里，而是离现在更加近，主要在 1820 年以后。

在 18 世纪末和 19 世纪初，欧洲的植物引进已进入一个激动人心的时期，各种新品种层出不穷，特别是从北美和远东引进的。尽管早在 16 世纪，第一批中国玫瑰就已经抵达意大利，这可能是通过丝绸之路的马队运送过来的。只是这些玫瑰对那时候西方玫瑰培育的影响甚微，但是，自 1792 年起，4 种来自中国的月季的确引起了轰动。它们都是栽种了上千年的品种，有着弥足珍贵的特征——绵长的花期。它们还带来了欧洲玫瑰不具备的品性：纤细的茎、少刺、全新的颜色（包括柔和的黄色）和特别的香气。缺点是它们太过柔弱，虽然它们在家乡温暖的气候环境下可以持续不断地开花。但是在欧洲，尽管相对富有的收藏家们可以把它们种在温室里，但人们仍然需要培育出更强壮的杂交品种——能够在欧洲户外环境下生存的品种。

这 4 个品种里的第一个，是 1792 年引进的"斯氏中国朱红月季"。它是由东印度公司的董事吉尔伯特·斯莱特的一名雇员带到英国的，斯莱特在他位于埃塞克斯的温室里成功种植下它，并在两年后开花。它很快就被传播到欧洲各地的种植者那儿去，完全没有受到拿破仑战争这件"小事"

的影响。

随后的 1793 年，另外两个品种由马戛尔尼访华使团成员带回英国。使团意与众所周知闭关自守的中国建立贸易往来，随同带给清朝皇帝大礼的还有马戛尔尼的两位专业园丁。在返程中，他们途经当时中国唯一对外开放的口岸——广州，马戛尔尼的秘书乔治·斯汤顿先生是一位狂热的植物学家，他收集到了两种月季。第一种是小型、淡粉色的重瓣月季，实际上，这个品种在 1750 年由林奈的一个学生带回过欧洲，但那时候它的特质并没有被人们意识到。直到在 1793 年的英格兰，它花期绵长的特点显露出来之后才被各花圃采用。它早期的名字是"帕氏中国粉月季"，这是使用帕森斯的名字命名的。帕森斯在他位于赫特福德郡的里克曼斯沃思的

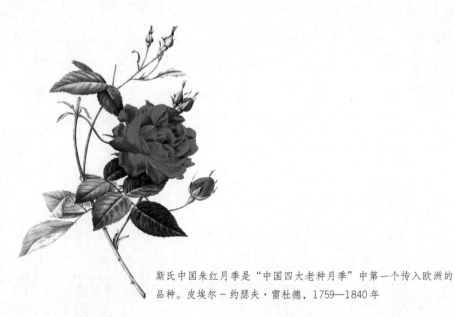

斯氏中国朱红月季是"中国四大老种月季"中第一个传入欧洲的品种。皮埃尔－约瑟夫·雷杜德，1759—1840 年

花园里将它种植得非常成功。这也就是后来出名的"月月粉"（意为"每月，月月"）中国月季，它是"中国四大老种月季"里的第二种。植物历史学家艾丽斯·科茨说："到了 1823 年，月月粉已遍布村舍花园，它很可能也是 19 世纪最早传入北美的中国月季。斯汤顿收集到的另一种是"硕包玫瑰"，这是一种白色藤本单瓣玫瑰，是后来被外交命名为"马戛尔尼玫瑰"的常绿单瓣大花玫瑰。它不是"四大古典月季"品种之一，却成为了可爱的黄色藤本月季"美人鱼"（1918 年）的原种，至今，仍可以在很

第二个到达欧洲的中国月季：帕氏中国粉月季（又称"月月粉""宫粉月季"）

多牧师的墙院上及西辛赫斯特城堡里见到它的身影。

　　第三个伟大的引进是 1809 年的"休氏中国绯红茶香月季",植物学名称是"香水月季"。这个品种现已灭绝,但却是珍贵的"茶香月季"的亲本,它是以亚伯拉罕·休姆爵士来命名的。爵士从广州附近的一个花圃购得它,并送回英国,将其种植在赫特福德郡的花园里。它是一种淡粉色有香味的大花玫瑰。1810 年,尽管英军

香水月季,皮埃尔－约瑟夫·雷杜德,1835 年

封锁了法国港口，但休姆还是设法把与他同名的花送到约瑟芬皇后那里，为她那个日后震惊世人的玫瑰花园再添新的一员。

最后一个是"帕克斯中国黄色茶香月季"，在1824年由伦敦园艺协会组织的考察队的成员约翰·戴蒙·帕克斯带回。它不是第一个传到欧洲

异味蔷薇，即奥地利野蔷薇，是在17世纪传入欧洲的第一个黄色的玫瑰品种

希灵顿夫人，1910 年，少数仍然具有真正茶香的月季品种之一

的黄色玫瑰，第一个是"异味蔷薇"，是在大约 17 世纪由波斯经荷兰传来的野生蔷薇，可是在 18 世纪，它自带的色彩浓重的鲜黄色就不再流行，因为它让人联想到瘟疫和犹太人。然而，黄色茶香月季因其淡黄色调而变得非常流行。月月粉和粉晕香水月季很快就大范围地被切花贸易市场养在玻璃瓶里。

这广为人知的中国四大老种月季通过杂交培育出了一些 19 世纪最为精美的园林月季，包括正宗的茶香月季，因为它像所有中国月季一样具有长花期的特点而备受赞誉——在合适的气候条件下。这些园林月季也通常被称为"孟加拉月季"，因为它们是 19 世纪早期在加尔各答植物园内种植的。

　　问题是，它们虽然在繁育地里昂及其他地中海气候地区能够繁荣生长，却很难在北欧地区找到合适温暖的地方种植，除宫粉月季稍强壮以外，这些茶香月季仅在富有人家的温室里被珍藏。

　　玫瑰历史学家们还在就茶香月季的名字以及它们的起源争论不休，戈尔夫人早在 1838 年所著的《玫瑰爱好者》里，描写过一款茶香月季"闻起来有非常宜人、带有白毫茶的香气"，在它大多数后代身上，这种有辨识度的香气已消失，例如杂交茶香月季；但仍然可在少数品种中，如浅杏黄色藤本蔷薇"希灵顿夫人"（1910 年）上闻到这种香气。

　　这些中国月季品种的引进，使得如药剂师玫瑰这些传统玫瑰黯然失色，不再受重视。在商业育种家和业余爱好者的培育下，开发出了一些新的种系，主要是杂交长青系列和茶香系列，带来了前所未有的丰富色彩和新的植株。（杂交）最初是通过蜜蜂随机携带的花粉受精实现。直到 19 世纪晚期，种植者们才开始了解科学培育新品种的方法。即便如此，他们大都是在黑暗中摸索，在选种时，只从耐寒性、花形和颜色这些因素来考虑，对潜在的遗传因素却知之甚少。

　　当玫瑰贸易受阻于法国大革命和拿破仑战争时，英、美、荷、法的培育者们仍然设法穿越战争阴霾，继续交换玫瑰植株。

　　法国的育种家们，例如安德烈·杜邦（1756—1817 年）、雅客·路易斯·德赛米特（1761—1839 年）以及后来的路易斯·约瑟夫·基斯兰帕门蒂尔（1782—1847 年），罕见地还有一位女性育种家阿拉尔·赫伯特（约1830 年），他们均在这动荡的年代里培育出了新的品种。让－弗朗索瓦·博所尔特马尔赫布斯（1750—1842 年）是一位演员、剧作家和革命者，他设法在战争中保住了性命，还培育出一个小品种，这个品种后来被归类为古代月季品种里的"波尔索月季"。

　　19 世纪中叶，拉菲、佩雷和曾推出 600 多个新品种的让－皮埃尔·威博特主导了法国的玫瑰市场。威博特专注于法国蔷薇的研究，也培育了苔蔷薇、白蔷薇和大马士革蔷薇，而其中很多品种流传至今，比如大马士革蔷薇类的"布鲁塞尔别墅"（1836年）和玫红色的法国蔷薇类的"安哥烈姆公爵夫人"（1821年），受到战争和疾病的影响，威博特花圃历经数次搬迁，他在临终时写道：

> 我只热爱拿破仑和玫瑰……在经历了这么多的痛苦和磨难

皮埃尔－约瑟夫·雷杜德，诺伊塞特月季，即现在的粉红诺伊塞特月季。摘自《玫瑰图谱》，1828年

后，我只剩下两个大仇人，一个是推翻我偶像的英国人，另一个是毁掉我的玫瑰的金龟子幼虫。

从 19 世纪中叶开始，西方世界专业玫瑰种植者的人数呈爆发式增长。园艺作家爱丽丝·斯坦因把 1840—1880 年称为"伟大的四十年"——这是杂交长青品种的巅峰时期。这些品种是由新月季和波旁玫瑰杂交而形成的新品种，而波旁玫瑰自己本身就是宫粉月季与大马士革蔷薇的杂交品种，因此，其具有耐寒性和重复开花的特征。

法国南部的里昂是玫瑰种植的中心，在那里有一大片的苗圃，由阿尔方斯·阿莱盖蒂埃、让-克劳德·杜彻、让-巴普蒂斯特·吉洛特佩雷、安托万·莱维特、弗朗索·瓦拉查姆、让·佩内特和约瑟夫·施瓦茨这些人经营着。1845 年 6 月 16 日，第一届玫瑰大展就是在里昂举办的。

很多新推出的品种被冠以非常新颖时髦的附名加在学名之后。而这常常加剧了人们的困惑，在英国和法国，曾经有八种以维多利亚女王名字命名的玫瑰。区别它们的唯一方法就是要知道培育者的名字以及其面世的年代，当然，这不是件容易的工作。

国际交流是玫瑰得以培育和繁殖新品种的关键。早期的例子就是诺伊塞特的故事，在 1800—1811 年间的某个时候——没人知道确切的时间——南卡罗来纳州查尔斯顿的水稻育种人约翰·查普尼用传到美国的第一个中国月季月月粉与麝香蔷薇繁育出了新品种"查伯尼串粉"，它很快就出现在纽约法拉盛的威廉·普林斯顿苗圃售卖。这就是广为人知的诺伊塞特系列的第一个品种。直到今天，它依旧因为花期长、气味香甜等特点而深受欢迎，并由此繁育出了乳黄色藤本诺伊塞特系列，如"席琳·弗雷斯捷"，还有更强壮但同样美丽的"阿利斯特·斯拉特·格雷"。

但为什么是叫做"诺伊塞特"而不是"查普尼"呢？这个名称与簇状

小花冠的花形并无关系，也和"诺伊塞特"是"榛子"的法语名称无关。相反，它指的是法国的育种人菲利普·诺伊塞特（1775—1835 年），他是查尔斯顿植物园的董事、成功的育种家。

事情很可能是这样的，上了年纪的查普尼对商业利益不太感兴趣，尽管他把这个新品种提供给了普林斯顿的苗圃，他还给了菲利普·诺伊塞特一株。在 1814 年，菲利普·诺伊塞特把他用查普尼给他的那株幼苗培育出来的新品种寄给了他在巴黎的兄弟路易斯·克劳德——巴黎的一位育种家。当诺伊塞特寄来的这株玫瑰开花的时候，路易斯异常欣喜，他请画家皮埃尔–约瑟夫·雷杜德把它画下来，皮埃尔用他那优美的铜版体书法——全世界的玫瑰爱好者再熟悉不过的字体给他的画题名，也就是如今我们熟知的"粉红诺伊塞特"或者"诺伊塞特·卡尼"。

这个品种以及后来再新培育出的它的兄弟姐妹们在英、法两国引起轰动，在仅 10 年的时间内，法国各地的育种人们就推出了 100 多种诺伊塞特，它们又很快与茶香月季杂交培育出了更多颜色。还有维伯特的"艾梅·维伯特"（1828 年）及让–拉菲的"花束"（1836 年），约瑟夫·施瓦茨培育出的近乎白色的"阿尔弗雷德·卡里埃夫人"（1879 年）是至今现存的一种有明显香气的藤本蔷薇，它能够在气候温暖的环境下全年重复开花。它是薇塔·萨克维尔·韦斯特和她的丈夫哈罗德·尼克尔森在搬入西辛赫斯特之前栽种的，现在还在那里生长，就在小屋的墙上。

尽管英国的玫瑰苗圃，例如威廉·保罗的苗圃也很成功，但在 19 世纪中叶，法国依然是玫瑰育种中心。在 1850 年，一个出身玫瑰种植大家庭的里昂人让–巴普蒂斯特·吉洛特独自经营着苗圃。众所周知，吉洛特是第一位用野蔷薇幼苗作砧木的育种人，他专注于研究改良杂交长青月季与培育更为温和的茶香月季的方法。18 世纪 60 年代，他的一株幼苗似乎很特别，它重复开花，并且有着不同寻常的长花瓣。1867 年，他将这株玫瑰交给里昂鉴定委员会，他们正寻找一朵能够配得上"La France"（法兰西）这个名字的玫瑰花，在10000个入选植株当中，这株月季被由50名育种家组成的专门小组选中。这一荣誉使"La France"（法兰西）的流行度飙升，尤其是在切花甚至是假花市场。英国也很快跟上，宫廷礼服也采用人造的法兰西月季花环进行装饰。

　　"法兰西"是公认的第一个茶香月季品种，但是，它确切的亲本仍然不确定——有可能分别是由尤金·弗迪尔培育的杂交长青月季"维克多·威尔第夫人"和吉洛特培育出的茶香月季"布雷维夫人"。吉洛特很不情愿，

卡里艾夫人，1879年，生长于肯特郡的西辛赫斯特的小屋墙壁上的一株藤本月季诺伊塞特

1867年，让－巴普蒂斯特·吉洛特培育的第一个杂交茶香月季品种"法兰西"

或者说根本无法接受。类似的模糊也同样困扰着那时许多的育种人。一位威尔特郡的农民亨利·贝内特，曾因在1879年培育出的玫瑰而被誉为"杂交茶香月季之父"。在之前的15年间，他开始系统地研究玫瑰，他到法国旅行，并参观了里昂的育种苗圃和其他地方。他以前是一名成功的养牛者，作为育种人，他惊奇地发现，玫瑰的育种似乎没有一个科学的、有选择性的程序。他不无轻蔑地，或许也是不公平地说道："这就好比在墨西哥养牛，或者在新福里斯特养马一样，只是简单地把玫瑰交给大自然去选择，并从中挑选出最好的。"这却恰恰是事实，采摘下蔷薇果并储存到成熟，然后取出种子，进行混合，再播种进土里。耐心的种植者会等两到三年才有结果出来，而这一切都有很大的偶然性。

与之形成鲜明对比的是，贝内特建立了一套管制培育程序，把植株种在他的温室内，避免随机授粉，而是用刷子来授粉。到1879年，他培育出10株新的变种，用他育牛的经历，将之命名为"混血杂交茶香月季"，他声称这是第一次确保玫瑰亲本品种成为可能。他所培育的品种，全部是源于中国茶香月季系列和杂交长青系列。

贝内特这样做，不完全是出自对玫瑰的喜爱，他是打算从培育新品种中获利。这种赢利主义的气氛令国家玫瑰协会非常不悦。该协会是3年前在英国由一些玫瑰爱好者建立的，他们当中有很多人是在塞缪尔·雷诺兹·霍尔牧师领导下的神职人员。1880年，贝内特镇定自如地接受了里昂园艺协会的邀请，展示他的新品种，评审员们一致认为，他确实培育出了一个全新的系列，也就是后来在法国大放异彩，为人们熟知的杂交茶香月季系列。

3年后，贝内特向英国皇家玫瑰协会展示一个新的变种"女王陛下"（1878年），并请求考虑授予它新系列的金奖。前一年，它在水晶宫玫瑰展出现时，泰晤士报描述它"花形硕大、柔和的粉色中透着娇嫩精致"。协会也许是咬着牙才同意这款巨大的粉色月季获得金奖，不同于法国育种专家，他们拒绝承认它属于一个新系列。

贝内特最初培育的几个杂交混血品种均获得了巨大的商业成功，包括"康诺特公爵夫人"和"玛丽·菲塔维利姆女士"，另外，1887年，包心状的中粉色"约翰·莱恩夫人"紧跟着"女王陛下"的脚步获得了第二块NRS（英国皇家玫瑰协会）的金牌。然而英国园丁们却发现贝内特将所有的花都卖给了美国的苗圃，他们感到心里很不是滋味。

3年后，贝内特离世，协会对他的悼念致辞中有这样率直公正的一句：

"达格玛夫人"玫瑰果的横截面，露出了里面的籽

"确实，他对我们协会从未友善过，但是作为玫瑰新品的培育者，他最应该被怀念。"另一方面，威廉·罗宾逊的杂志《园艺》的报导稍微宽宏大量了些："假如贝内特先生只是培育了'约翰·莱恩夫人'这一个品种的话，玫瑰种植者们会更感激他。"在1893年，贝内特去世3年后，协会终于接受了他培育的杂交品种作为一个全新的系列，此品种法语学名翻译为英文就是"hybrid tea"（杂交茶香系列）。后来的玫瑰栽培者们都毫不

约翰·莱恩夫人，1885年，由亨利·贝内特栽培的最早的杂交茶香月季品种之一

犹豫地承认他的贡献。玫瑰历史学家查尔斯·奎斯特·里森认为："我们今天的花园里种的玫瑰很少有品种不是源于威尔特郡的那个'奇人'的。"而英国著名玫瑰育种世家的杰克·哈克内斯则称贝内特为"改变了育种师这个职业的人"。

第 五 章

"和平"

与 栽 培

当亨利·贝内特在 1880 年访问法国的时候，他曾遇到过一位名叫约瑟夫·佩尔内特的年轻法国人。这次会面让佩尔内特深受启发，那时他已经在杜歇的玫瑰苗圃工作了。之后不到一年，他娶了已过世的苗圃老板的女儿，并将他自己和公司的名字都改为了"佩尔内特－杜歇"，然后用贝内特的方法开始了一项广泛的玫瑰培育计划。他培育出了两种非常成功的杂交茶香系列——球形银粉色的"卡洛琳夫人"（1890 年）和淡雅又优雅的贝壳粉色的"阿贝尔·夏洛特夫人"（1895 年），这两种成为了有史以来最成功的花店玫瑰。在 20 世纪初，园丁们在伦敦北部的利亚河谷种植了几亩的"阿贝尔·夏洛特夫人"，一年四季都向巴黎输送着茎长一米的玫瑰切花。可是佩尔内特－杜歇的最大梦想是创造出一款黄色的杂交茶香品种。当时茶香系列和诺伊塞特系列已有了淡黄色的变种，但只有一种气味有点难闻的名叫"异味蔷薇"（这也是它得名的原因）的奥地利野蔷薇有明艳的黄色，杂交茶香系列极度缺少明黄色的品种。重瓣异味蔷薇是在1838 年由亨利·维洛克爵士自波斯带回西方的，那时的波斯人一定对他"外交使节兼全权公使"的头衔印象非常深刻。

佩尔内特－杜歇，作为贝内特的忠实信徒，他小心翼翼地用锥形盖子保护着已授粉的玫瑰，以避免任何意外杂交的发生。但是，当最终的"新的"黄色品种出现时，他发现这株来自于早前实验中的随机育苗，竟然是亨利·维洛克爵士带回来的重瓣异味蔷薇和杂交长青系列的杂交品种。1900 年，佩尔内特－杜歇把这株玫瑰向世人展出，命名为"黄金太阳"。里昂的种植者们对这个新品种兴奋不已，他们为黄色杂交茶香系列创造出了一个新的支系，称之为"普纳月季"，和以往一样，英国是过了很久才效仿种植的。今天人们种植的每一株黄色月季都源自"黄金太阳"。但是，佩尔内特－杜歇却总是说这要归功于亨利·贝内特。

当玫瑰育种家忙于培育新品种时，寻找植物的探险者们发现了更多的

佩尔内特-杜歇培育的"阿贝尔·夏洛特夫人"，1895年，是有史以来最成功的花店玫瑰品种之一

玫瑰新种，在中国尤其如此。有时新发现的物种要经过好几次的旅行才能被带回到西方。"华西蔷薇"首先是在1894年由博拉脱在四川西部的康定附近发现的，1903年，被称为"中国植物通"的欧内斯特·威尔逊再次在该地看到相同的品种，并终于在1911年的第二次探险时把种子寄回给了位于马萨诸塞州波士顿的阿诺德植物园。大花香水月季（又称巨花蔷薇）是1882年乔治·瓦特爵士在印度西北部的曼尼普尔邦首次发现的，但它最早的样株没能在英格兰存活下来，后来，弗兰克·金敦·沃德在1948年的一次探险中再次引进了它。

在1887年，亨利·贝内特凭借"约翰·莱恩夫人"获得第二块NRS金牌。22岁野心勃勃的德国人威廉·科德斯在汉堡以北32公里的小镇埃尔姆斯霍恩开办了一家苗圃。起初，科德斯售卖的植物种类繁多，不久后他决定要专攻自己最爱的玫瑰。后来，他的两个儿子——小威廉和赫尔曼也加入进来。小威廉从14岁开始就对改进玫瑰的培育方法感兴趣。他渴望学习，在瑞士和法国的育种园当过学徒。在里昂，他遇到了自己称之为"大师"的约瑟夫·佩尔内特–杜歇。亨利·贝内特是他的另一位偶像，1912年，他前往英国，他期盼着能与贝内特的儿子建立联系。可贝内特最小的儿子已经在前一年去了澳大利亚，小威廉就跟随他的足迹，也到了萨里的小镇法汉姆的一家名为"比德父子公司"的玫瑰苗圃去工作。

黄色太阳，由法国育种家约瑟夫·佩尔内特–杜歇在1900年推出，这是首次将黄色引入杂交茶香月季系列

　　尽管小威廉也有家族苗圃需要回去打理，但他非常喜欢英国，于是他决定留下来，在1913年，他和朋友麦克斯·克劳茨一起开办了他们自己的苗圃。只可惜时机不对，不到一年，第一次世界大战爆发了，他们作为敌国侨民被关押在马恩岛。

　　然而小威廉很明智地利用了那段时间，正如他后来所说的，如果他一直经营着一个苗圃的话，是不可能有机会深度地阅读和研究玫瑰的繁育技术的。而且，他很大度地说道："那对我来说也是个学习英语的机会。"战后他被驱逐回德国，这时的他已掌握了卓越的玫瑰育种理论知识。他和他的兄弟赫尔曼还有父亲一起重操旧业，把苗圃搬迁到了附近的丝柏瑞舒普，那也就是后来的科德斯公司，如今它仍是世界上最伟大的玫瑰育种苗圃之一。在查尔斯·奎斯特－里特森的《皇家园艺协会的玫瑰百科全书》中，科德斯培育的玫瑰比其他任何育种家都要多。

　　威廉·科德斯二世深受遗传学之父格雷戈·孟德尔（1822—1884年）的影响，孟德尔的研究成果是最近才被"重新发现"的。他学习并运用孟德尔在豌豆科植物杂交实验中的思想，通过系统地引入新的遗传物质来培育出更强壮更健康的玫瑰。他的育种计划培育出了众多优良的植株，到1939年，这家公司每年的玫瑰销售量已超过了100万朵。在他们的传统杂交茶香系列中，"朱墨双辉"（1935年）在欧洲和美国超级流行，而在晚春开花的灌木玫瑰中，淡黄色的"金色香元"（1937年）和粉色的"春晨"（1941年）则最为顽强。但20世纪40年代，经历了战乱和严冬之后，成千上万的玫瑰被摧毁。50年代，杂交攀爬玫瑰系列的推出改变了公司的命运，其中鲜红色的"多特蒙德"（1955年）和"御用马车"（1957年）的作用最为巨大。其他成功的品种还有从蔓生光叶蔷薇培育出来的地被系列和从杂交麝香玫瑰培育出的丰花系列。威廉·科德斯二世的儿子雷默培育出了世界上最受欢迎的白色月季"扇贝"（1958年），也就是众所周知的"冰山"。

在美国，植物专利方案从 1930 年开始实行，每卖出一个专利植物，培育者都能得到报酬。第一个从这个方案受益的德国育种园就是科德斯，同样是在战后培育出的当时世界上最出名的月季品种的法国育种公司玫兰也同样受益。用玫瑰育种家杰克·哈克内斯的话说就是："只需一句话概括……'它们带给我们和平'。"

"和平"的故事是如此梦幻，或者说如此传奇。和许多玫瑰育种公司一样，玫兰是一个家族企业，它的总部设于里昂附近的一个叫塔辛拉德米伦的小村庄，是在儿子弗朗西斯的帮助下，由父亲安东尼·玫兰经营的。1935 年，弗朗西斯前往美国，并与宾夕法尼亚州的康纳得–派尔公司做了一笔交易，将玫兰公司的玫瑰销往美国。他还对美国的植物专利制度非常感兴趣，他看得出这最终能够让他在法国的家族生意受益。弗朗西斯也一定听说过美丽的淡粉色藤本月季"新黎明"（1930 年），那是第一个注册专利的美国月季品种，它给开发者亨利·A.德雷斯在宾夕法尼亚州的育种园带来了丰厚的报酬。

弗朗西斯返回到玫兰育种公司，开始了一个新的育种授粉实验，标注的型号为"3–35–40"（"3"代表杂交三代；"35"代表年份；"40"代表它的序号）。很快就能看出这是一款不同寻常的月季，它有着充满活力、健康的深色叶子和带有浅粉色边的淡黄色花朵。在 1939 年初，弗朗西斯把它的幼芽分别寄给在德国、意大利和美国的同事们。几个月后二战爆发，各家各户被迫不再种植玫瑰而改种蔬菜，也不知那些珍贵的花朵幼苗是否存活了下来，或者甚至是否安全寄送到了国外。有一天晚上，一个美国朋友打电话到里昂，说他第二天要乘坐最后一班外交航班离开法国，而且可以随身携带一个小包。

据说，这个特殊品种的备用种苗很快就安全飞越大西洋，被带回到了

朱墨双辉，1935 年由德国育种公司科德斯培育推出

康纳得 – 派尔育种园。公司设法培植出了足量的花朵，并在 1945 年 4 月把它们献给了联合国的代表们。

1942 年，弗朗西斯在法国以他母亲的名字将这款月季命名为"玫兰夫人"。此后关于这种月季最终名字的来历有两种说法：一种是，二战结束后弗朗西斯写信给陆军元帅艾伦·布鲁克（后称艾伦·布鲁克勋爵），他也是英军的总参谋长，他询问是否可以用他的名字给这个品种重新命名，以致敬他在击溃纳粹德国及解放法国战争中的贡献。据说布鲁克婉言谢绝，并提议用"和平"这个名字更为恰当。更被广泛接受的一种说法是，战后，

法国育种公司玫兰培育的"和平"，1945年，这是世界上最成功的杂交茶香月季

康纳得－派尔育种园的罗伯特·派尔联络弗朗西斯，并告知他，根据1935
年与弗朗西斯签订的合同规定，凡是从玫兰引进到美国的品种，他们都有
命名权，而且在胜利的那天已经声明了选择用"和平"这个名字。事实上，
不管名字的来历是什么，"和平"这个名字都是这个绝妙的品种的一次辉
煌的成功。派尔写道："我确信，它会成为本世纪最伟大的玫瑰。"

　　毫无疑问的是，"和平"给玫兰公司提供了在战后开展业务的资金。
之后他们再次成功地推出了数百个其他品种，例如景观月季里颜色雪白的"铺
地白"（1978年）和亮粉色的"伯尼卡"（1985年），还有"浪漫®"系列。

在后来的几年里，弗朗西斯·玫兰投入到了商标权争夺战中，他努力将在美国几家育种公司的商标权拿回欧洲，因此在行业里变得不太受某些人的欢迎了。他很不幸地在46岁时英年早逝，但是公司在他儿子艾伦的经营下，仍然保持着世界最大玫瑰种植商之一的地位，公司主要生产长花茎的玫瑰供应切花贸易，以及经营园艺行业。

很少有培育者选择只专注于开发一个品系的，就像约瑟夫·彭伯顿牧师（1852—1926年）对杂交麝香系列的执着研究那样。彭伯顿是另一位后来成为国家玫瑰协会主席的牧师，虽然他不像霍尔牧师那样在1887年被任命为罗切斯特学院院长后就忙碌不停，他倾心致力于严谨的玫瑰育种研究工作。彭伯顿曾一度在他位于埃塞克斯郡的黑弗灵的家里培植了10000株幼苗，其中有4000株是他亲自挑选的。20世纪早期，他培育推出了70多个品种，其中的50个品种流传了下来。杂交麝香月季与麝香蔷薇除了名字有相关性以外，它们只是远亲关系，它们因簇生的花冠和美妙的香味而在现在依然流行。其中有一款我特别喜爱，那就是杏色的"泡芙美人"（1939年），整个花园都能闻到它馥郁的香气。它是由彭伯顿的园丁约翰·本特尔在彭伯顿的苗圃任职时培育出来，并在他死后由他的妻子推出的。

还有一个专家工作在奥尔良附近的巴比尔育种园，在1900年，他用藤本光叶蔷薇培育出了枝条修长而富有弹性，开着很受欢迎的纯白色花朵的藤蔓月季"阿尔贝里克"。丹麦的鲍尔森通过用杂交茶香月季与小姐妹月季杂交培育，育成了第一个丰花月季系列，其中就有深粉色的"艾伦鲍尔森"（1911年）。

在1930年，旅居美国的法国裔玫瑰园艺家J.H.尼古拉斯博士为这个新的月季品种创造了术语"丰花月季"（拉丁语原意为"许多花"）。鲍尔森还培育出了一些能够适应斯堪的纳维亚寒冷气候的品种。许多现代月季变种之所以能够成功，是因为它们的血统里都有鲍尔森曾培育出的品种的痕迹，用来提高在严寒气候里的生命力。鲍尔森推出了很多最早的地被月季，例如"白铃铛"（1980年）和"粉铃铛"（1983年）。后来的育种家专注于培育适合在窗台和花盆里栽种的小型月季。也有其他育种家专注于挑战严寒气候，其中有匈牙利的鲁道夫·格什温（1829—1910年），以及更为近期的美国爱荷华州的格里菲斯·巴克博士（1915—1991年）和加拿大的费里西塔斯·维吉达博士（1920—2016年）。

然而，市场对蓝色玫瑰的需求也依然存在（有人可能要说"谢天谢地"了），而且仍未被满足。德国育种大家族的小马提亚斯·坦陶（1912—2006年）培育的杂交茶香品种的"巨星"（1960年）的的确确给玫瑰家族增添了新的色彩。它那热情的橙色就是人们所熟悉的"天竺葵色"，它会让人想起花坛里那些鲜艳的朱红色的天竺葵花。

此后，坦陶家族还推出了另一款杂交茶香系列——"香云"（1963年），它名副其实，的确异常香气袭人，虽然它的橙色对很多人来说太过刺眼了。

在西班牙，加特兰·佩德罗·多特（1885—1976年）在1927年这一年之内育成了两个新的品种，这两款随即风靡世界，就是淡奶油色的灌木月季"内华达"和肉粉色的现代藤本月季"格雷戈伊尔·斯特赫林夫人"。在他职业生涯的早期，他专注于研究杂交茶香系列，这个系列的花朵最喜欢西班牙和美国南部各州的这种温暖气候。但是在20世纪40年代，他把兴趣转向研究微型月季。加利福尼亚育种家拉尔夫·摩尔（1907—2009年）对于微型月季也有着同样的激情。在意大利，乔瓦尼·卡索雷蒂（1791—1846年）是米兰附近专业培育茶香系列的育种家，而多米尼克·爱卡第（1878—1964年），是圣雷莫市的市长，他培育出了几个获得了商业成功的品种。但是最出名的意大利种植者是来自托斯卡纳的巴尔尼家族，这个家族自20世纪70年代开始正规地培植玫瑰，现在是最大的茶香系列生产商，它们的产品销往全世界。虽然玫瑰原产于北半球，但是随着交通运输

香气甜美的"泡芙美人"，本特尔，1939年，最好的杂交麝香月季之一

工具的进步，在南半球很快也出现了很多爱好者。澳大利亚的阿利斯特·克拉克（1864—1949年）是一个为之着迷的业余玫瑰爱好者，他取得的成就包括培育出了100多个能适应南半球降雨稀少的夏季的品种。

除欧洲以外的所有国家中，美国一直都拥有最多的育种专家。他们当中最杰出的是沃尔特·范·弗利特博士（1857—1922年）。他原来是一名医生，后来在30岁时放弃医药学开始转行培育玫瑰。他在马里兰的格伦戴尔为美国农业部对光叶蔷薇和皱叶蔷薇做的研究非常成功，培育出了淡

巨星，坦陶，1960 年，第一个具有橙色色素的玫瑰，也就是"天竺葵色"

粉色的蔓生光叶蔷薇"沃尔特·范·弗利特博士"（1910 年）和紫粉色的
"萨拉·范·弗利特"（1926 年）。著名的贝壳粉藤本月季"新黎明"是
重复开花的"沃尔特·范·弗利特博士"的一个芽变品种。"芽变"是指
在植物任何部位长出的茎表现出与母体不同的特征——或者是攀缘，或者
是重复开花，或者是颜色不同。芽变的部分可以分离出来，或者长出根须。
例如，比"新黎明"更早一些的浅粉色的"凯瑟琳·哈洛普"（1919 年）
就是作为深粉色的藤本波旁蔷薇 "泽菲林·杜鲁欣"（1868 年）的一个

沃尔特·范·弗利特博士，1910年，这是以北美最著名育种家之一的名字命名的一款蔓生光叶蔷薇

芽变出现的。

范·弗利特的目标是要培育出每个美国家庭都能种植的玫瑰，不管他们的院子有多么简陋。他死后深受美国的玫瑰社团爱戴，被誉为"美国最伟大的杂交育种家，也许还是已知的最伟大的植物育种家"。其他成功的育种园包括艾尔旺格和巴里、杰克逊和珀金斯公司，还有阿姆斯特朗育种园。例如，深粉色、重瓣的现代藤蔓月季"欢迎"（1949年）是由杰克逊和珀金斯公司的素有"丰花月季之父"之称的尤金·博纳培育出来的；来自阿姆斯特朗育种园的沃尔特·拉默茨博士育成了高大强壮的粉色的"伊丽莎白女王"（1954年）。来自威斯康辛州格林菲尔德的业余玫瑰育种人威廉·拉德勒在1999年培育出了他的"绝代佳人®"系列，它是一种矮植株、易于打理的景观月季，是最受美国人喜欢的月季，这让威廉·拉德勒成为了百万富翁，这在园艺界是一笔不小的财富。

尽管在1765年成立的康茨科尔切斯特公司是英国最古老的商业玫瑰育种园，但是自19世纪80年代以来的这十年，一直是北爱尔兰的迪克森与麦格雷迪育种家族主导了英国的玫瑰市场。他们推出的品种主要是茶香系列的，例如"闪色绸"（1924年）和"迪克森爷爷"（1966年），还有丰花系列的"伊芙琳·费森"（1962年），以及藤蔓月季"达布林湾"（1974年）。他们和随后加入的可卡、弗莱尔、哈克尼斯，还有勒格里斯家族一起栽培出了很多在20世纪最流行的花朵。康茨科尔切斯特公司所培育出的品种里最成功的是杏色的杂交茶香月季"杰·乔伊"（1972年）。而哈克尼斯家族的"状元红"（1946年）是由阿尔伯特·诺曼栽培出来的，它曾一度是世界上销量最好的红色茶香月季。

然而，当那些育种家培育出的花朵得以继续保存的时候，花坛里的时尚却如同T台上的时尚一样在变化着。到20世纪末时，市场对于适合在混合花境里生长的玫瑰需求不断增加。杂交茶香和丰花系列，也就是这些老牌育种家族的主要产品，它们在传统上最适合栽种在专门的花坛里。渐渐地，它们被一系列的新型灌木月季所替代，这种灌木月季既可以栽种在传统的规整的玫瑰园里，也可以与多年生植物混在一起栽种。自 20 世纪 50 年代以来，什罗普郡的农民大卫·奥斯汀的志向就是培育出一种结合古代玫瑰的花形、香气和灌木状生长的特征与现代玫瑰的颜色丰富、重复开花和抗病力强等特征的新型玫瑰。

1961 年，他推出了一款粉色、包心状的灌木月季"康斯坦斯·斯普赖"，他以著名的插花师及古代玫瑰收藏家的名字为其命名。它是用一种特别香的淡粉色法国蔷薇"贝莉"（1845 年）与半重瓣粉色丰花月季"秀丽少女"（1940 年）杂交所得的，同时还带有一点"鲍尔森"的强壮。"康斯坦斯·斯普赖"实现了奥斯汀的六大目标中的五项。但它仍有一点点瑕疵，就是虽然花开得很灿烂，但是只开一季。自它推出后，奥斯汀又成功地将反复开花的特性引入到后来的新品种中，这些品种因为具有古代玫瑰的模样，所以到现在仍然受到了前所未有的喜爱。其中早期的明星品种是浓香深粉色的"格特鲁德·杰基尔"（1986 年），它由奥斯汀的"巴斯之妻"（1969 年）与漂亮的波特兰玫瑰"尚博得伯爵"（1860 年）杂交繁育而成。尽管这些与法国的育种家吉洛特的"杰内罗萨®"和玫兰的"浪漫®"还有丹麦的鲍尔森的"复兴®"系列都是极为相似的月季品种，但是在英语国家里，奥斯汀培育出来的月季终究更胜一筹。他的产品目录里的一些品种的颜色、尺寸和花形在 50 年前来看完全是超乎想象的。这一独特类型的月季在英国以外的国家被称之为"奥斯汀玫瑰"，或者"大卫·奥斯汀的英国玫瑰"，以此来避免与其他的英国玫瑰相混淆，它至今仍是全世界销量最好的品种之一。

虽然有一些玫瑰新品种在国际上取得了成功，但大部分品种由于受到气候或者偶尔因为进口法规的限制，只能在它们的原产国买得到。然而

伊丽莎白女王，1954年，由美国的拉默茨培育，在美国称作"壮花玫瑰"

这并不能削弱将全世界的育种人联系在一起的情谊。有一个故事很好地印证了这种同行之间的友谊。在2014年，马修·比格斯是一位很受欢迎的BBC节目四台《园丁问答时间》的园艺专家，他在写给皇家园艺协会的杂志《花园》的信中提到，他曾经在剑桥附近的格兰切斯教堂看到了受人尊

康斯坦斯·斯普赖，1961 年，大卫·奥斯汀培育出的第一个灌木月季品种，即众所周知的"奥斯汀玫瑰"

敬的植物"猎人"弗兰克·金敦·沃德（1885—1958 年）的被遗忘的墓地，这个教堂就是在鲁伯特·布鲁克的诗中提到的那个著名的"钟停在两点五十"的教堂。这封信被印度南部的玫瑰育种人吉里加和维拉加万所看到，联系说他们曾经培育出一个命名为"弗兰克·金敦·沃德"的月季品种，它是由一款法国杂交茶香月季（1995 年）和金敦·沃德在 1948 年去曼尼普尔邦探险时采集到的巨花蔷薇杂交得来的品种。他们询问比格斯，是否可以将这种月季栽种在位于格兰切斯教堂的弗兰克·金敦·沃德的墓前。

这个想法很令人激动，可是实施起来却没有想象中那么简单。这种月季供应紧缺，而且只有在印度能找到，所以关键就在于找到可以在英国繁育它的办法。终于，大卫·奥斯汀玫瑰园的迈克尔·马里奥特接受了这项挑战，它们将幼苗空运到英国。第一批幼苗由于机舱内太过寒冷而未能成活。吸取教训之后，后来再空运来的幼苗都被放置在保护措施良好的隔间内，这一次，马里奥特成功地种活了几株幼苗。

经过格兰切斯教堂的同意，金敦·沃德家族的后人也欣然接受，在2016年2月的一个寒冷日子，终于把培育出的"弗兰克·金敦·沃德"栽种上。我可以证实气温有多低，因为那天我与几位英国玫瑰专家也在场，当然包括迈克尔·马里奥特，还有代表了英国两个玫瑰种植园的彼得·哈克尼斯和罗伯特·马托克。

虽然说是现代玫瑰培育人彻底改变了玫瑰家族的命运，但是如果没有早期那些有远见的植物收藏家，以及十字军战士、东印度公司，或者植物"猎人"——比如"中国通"威尔逊及弗兰克·金敦·沃德，那就不可能有这些近代玫瑰品种的成功。玫瑰栽培事业也把世界上很多国家联系在一起。用吉里加和维拉加万的话说就是：

> 在我们的花园里，周围有数百株巨花蔷薇在盛开着，这些蔷薇是在金敦·沃德当年在锡罗西山发现巨花蔷薇的同一个山坡收集回来的。我们不禁感叹，全世界的园艺师们不知道应该如何回报这位伟大的植物"猎人"……我们觉得应该用鲁伯特·布鲁克的《士兵》里的精神来描述他，金敦·沃德的墓虽然只是英国大地上的一个角落，却是永远的喜马拉雅。

我们离开教堂行驶在剑桥郡的路上时，时节尚早，未能看到布鲁克的

生长在印度的藤本月季"弗兰克·金敦·沃德"，现在也生长在剑桥格兰切斯教堂的沃德墓前

矮树篱中的"英国非正式玫瑰"（可能是指犬蔷薇）。但是，等到2017年的春天，"弗兰克·金敦·沃德"会在格兰切斯教堂吐露芬芳，还会被栽种到几个重要的花园里，包括北爱尔兰的斯图瓦特山、苏塞克斯的鲍特丘陵花园，还有汉普郡的默提斯范——英国最重要的植物"猎人"之一的家乡。

第 六 章

从玫瑰园
到 玫 瑰

大约在 3000 年前，人们把玫瑰从野外带回来栽种、欣赏，并通过它的花朵和香味愉悦自己、获取利益。通常在人们的花园内有一处地方专门用来栽种玫瑰，从"Gulistan"（波斯语，意为"玫瑰园"）到"Rosarium"（拉丁语，意为"玫瑰园"），从"La Roseraie"（法语，意为"玫瑰园"）再到美国白宫的"Rose Garden"（英语，意为"玫瑰园"），它们都专为玫瑰而存在。

专为玫瑰建花园这个概念来自于中东地区。对于波斯人而言，"paradise"这个词的意思是指距离天堂最近的一个花园，一个有围墙、长满玫瑰的快乐花园。玫瑰因为它的香气和美丽而备受珍视。在大部分中东和莫卧儿时代的印度等自然环境多是半沙漠的地区里，水和需要用水浇灌的花园是极为珍贵的奢侈品。经典的伊斯兰花园设计被称为"天堂花园"——一个长方形的大花园，用细沟一分为四，花园中间是一个水池。已知的最早的天堂花园在波斯首都帕萨尔加德，是由居鲁士大帝（约公元前 530 年）在设拉子附近建造的。这种风格的花园里通常主要栽种玫瑰，且栽种数量巨大，这一传统延续了多个世纪。1593 年，伊斯坦布尔的托普卡帕故宫中种植有 50000 株白玫瑰。

中世纪欧洲的封闭式花园（hortus conclusus）更小、更简洁而且少了些异国情调，水不再是奢侈品。花园被看作是宁静的港湾。记载中的中世纪玫瑰花园里有欢唱的鸟儿和孔雀，是平静和沉思之所，它最开始是用墙围起来的，后来改为用藤编的棚架围起来。

这个形象一直活跃在早期的艺术和文学作品中。不管是伊斯兰教的天堂花园，还是基督教的封闭式花园，他们都持续地影响了后来的玫瑰花园。

规则化主导着 16 与 17 世纪的欧洲花园。苗圃主把玫瑰规范化地列入清单，但是我们对其使用方式知之甚少。开始于 1720 年的英国景观运动的崛起致使花园不再是时尚。但是花园历史学家马克·莱尔德曾经展示，

巴布尔，莫卧儿帝国的创始人，他正在监督花园的设计布局，《巴布尔回忆录》，约 1525—1529 年

18 世纪的花园中经常包含圆形花坛或者香花坛，里面主要栽种芳香的植物。例如香石竹、紫罗兰，当然还有玫瑰。玫瑰仍然在城市花园中继续流行。正如 1734 年玛丽·德拉尼写给她姐姐的信所证实的一样，信中提到了她在伦敦梅菲尔的花园：

> 夫人，也许您认为我没有花园？但那是错的。我有一个像您在格洛斯特客厅那么大的花园，里面种着杂色的和单色的大马士革蔷薇和紫罗兰。

在大一些的宅院里，花境可能并没有完全在房子的视野内，但里面确实栽种了玫瑰，特别是用做切花的玫瑰。菲利普·米勒的《园艺词典》第 1 版中建议，把玫瑰种在靠近暖墙的位置可以让它们早些开花。1751 年，一个为"牧师住宅花园"的种植计划包含了将未指定品种的玫瑰种在忍冬旁边；1752 年的萨里花园建议将犬蔷薇（狗蔷薇）与锈红蔷薇（多花野蔷薇）作为林下植被栽种在小树林下。另外一个旧温莎的花园计划里提到了百叶蔷薇。花园会计账簿也见证了玫瑰的持久应用。在 1756 年，牛津伯爵夫人为威尔贝克大修道院订购的植物包括 34 个品种，大部分都订购了两株或者四株。其中最便宜的是锈红蔷薇，每株 2 便士，而伯爵夫人最奢侈的行为是订购了两株苔蔷薇，价值是前者的 12 倍，即每株 2 先令。根据肯辛顿的罗伯特·福伯育种园的记录，这样的订单至少开始于 1724 年。

在经历了被约翰·哈维称作"一段玫瑰贸易的停滞期"之后，18 世纪晚期，玫瑰价格开始上涨。景观设计师汉弗莱·雷普顿（1752—1818 年）为了说服客户，在他著名的"红皮书"里图解种植玫瑰"之前"和"之后"来展示方案，这时玫瑰已再次站在花园植物的舞台上，玫瑰的价格与需求都已上升，雷普顿提到了种植玫瑰的花园的具体面积。例如，在 1813 年

埃米莉亚在花园里，红玫瑰和白玫瑰攀缘花架而上，乔万尼·薄伽丘，《苔塞伊达》，
1340—1341 年

雷普顿的最后一幅设计中，他为赫特福德郡阿什里奇的布里奇沃特伯爵规划了一个玫瑰园。

玫瑰仍然是城镇花园的重要角色，1791 年，伦敦花园的一个宏伟计划证实了玫瑰的重要性，这份计划中包括了苔蔷薇、新变种百叶蔷薇"蓬蓬"和一个 1777 年引进的白色百叶蔷薇"唯一"、双色异味蔷薇即奥地利铜蔷薇、麝香蔷薇、1789 年法国大革命那年引种的德米奥克斯玫瑰，最后是从大西洋对岸来的加罗林蔷薇。23 年以后，在 1814 年到访伦敦的一个德国游客，曾写下在伦敦的"美丽的广场"上的小孩子们"在玫瑰丛中"玩耍的情形。

在 19 世纪初，勇敢的英国旅行者的出版物更增添了波斯花园的迷人魅力。伊丽莎白·肯特在她的《家中的花》一书中引用了一位景观艺术家罗伯特·克波特爵士所描述的一个波斯王宫：

> 我被两棵高约 4 米的玫瑰树的景象深深震撼，树上开满了数千朵花，它们向四周生长、蔓延、盛开、吐露芬芳，连周遭的空气中都充满了精致细腻的香气。的确，我相信世界上再没有一个国家能够像波斯这般将玫瑰种植做得如此完美；再没有一个国家的民众能如此热衷栽培和珍视玫瑰。他们的花园和庭院内到处都是玫瑰的身影。

正当波斯人沉醉于种植传统的古代玫瑰时，大西洋彼岸已掀起了从世界各地引进新品种的热潮。托马斯·杰弗逊（1743—1826 年）就是一位有激情的种植者。在 1791 年，他从纽约法拉盛的威廉王子苗圃订购了一些玫瑰，用来在弗吉尼亚州夏洛茨维尔的蒙地卡罗的新家栽种。威廉王子苗圃是美国第一家从英国和法国进口玫瑰并销售的苗圃，但它只能供应 10 个品种。杰弗逊尤其喜爱从法国进口的玫瑰，特别是"罗莎曼迪"，那是

规则式庭院里的玫瑰，插画，克里斯平·范·德帕斯，荷兰，《园圃花卉》，1614—1615 年

一种精美的杂色玫瑰，可以剪下来放在室内观赏。

　　他的订单里还包括两株宫粉月季和两株麝香蔷薇。这些花不只种植在蒙地卡罗。杰弗逊在 1816 年 11 月 1 日的园丁日记上写着，在弗吉尼亚白杨林他的另外一个住所里，他"在正北方的椭圆形花坛里种植了不同种类的高大的玫瑰，还在东北方向的花坛里种植了一些矮小的玫瑰……"

　　尽管英国、美国、法国彼此间存在各种冲突，但种植商、植物学者和育种师们却依旧保持联系。更值得一提的是，在 1810 年，拿破仑战争进行得如火如荼之时，伦敦知名育种家约翰·肯尼迪被授予特别许可，他可

阿什里奇玫瑰园里的规整栽种的植物，伯克汉姆和 J. 泰勒，《阿什里奇的玫瑰园》，1816 年，平版印刷画

以穿越英吉利海峡，他的任务不仅仅是把玫瑰苗运送到约瑟芬皇后位于巴黎郊区的乡村住所梅尔梅森城堡中，还要给她的玫瑰进行修剪。他运送的植株之一就是那个前一年刚从中国引进的、非常抢手的"休氏中国绯红茶香月季"。

约瑟芬（1763—1814 年），是拿破仑的第一任妻子。出生于马提尼克岛（她原名玛利·罗丝·约瑟芙·塔契·德·拉·帕热利），她远行至法嫁给了她的第一任丈夫亚历山大·博阿尔内。是拿破仑将她的名字从家人都熟悉的罗丝改为约瑟芬。她因未能生个儿子做继承人而离开拿破仑，退居至他送给她的梅尔梅森城堡。这座位于巴黎西郊的城堡和自带的大花园在某种意义上算是他在 1810 年和她离婚后给予的补偿。

约瑟芬素来执着地痴迷于植物收藏，到访城堡的人都对她收藏的各种植物惊叹不已。她从欧洲各植物园中收集到了各种具有异域风情的植物的种子，同时也从中美洲和南美洲收集新发现的植物。1803 年，她购买植物花费了 2600 英镑，相当于 2017 年的 230000 多英镑。后来有一张订单，是由肯尼迪亲自从西伦敦的育种园寄送给她的，价值 700 英镑（相当于现在的 60000 多英镑）。和拿破仑离婚之后，他对于她的这一爱好仍继续纵容。1810 年，他用任何情侣都愿意听到的话写道："我给你 100000 法郎作为用在梅尔梅森的特别资金。因此你可以种植任何你想要的植物，并自由支配这个款项。"

虽然她不可能亲自在花园里弄脏双手，但她对植物的热爱之情是毋庸置疑的。据称，在她 1814 年去世前的 10 年间，约有 184 个品种的玫瑰在梅尔梅森盛开过。她还委托画家皮埃尔－约瑟夫·雷杜德为她收藏的植物作画。他著名的 3 卷玫瑰画作《玫瑰图谱》（1817—1824 年）在约瑟芬去世后出版，那时，这座古堡已经由她的儿子所继承。有一个或许是杜撰的故事，说的是约瑟芬在 1814 年死于白喉病之时，是雷杜德和她的园丁守在她临终的床边的。

据说，约瑟芬的目标是收集到每一个玫瑰品种。梅尔梅森城堡里的玫瑰品种的清单未能保存下来。据估计，由于她竭尽全力去认识每一位植物爱好者，她很快就获得了超过 200 种的玫瑰，其中包括 167 种法国蔷薇。安德烈·杜邦曾经是邮局职员，后转行成为育种师，他是她的主要供应商，但她也从欧洲各地购买玫瑰。虽然梅尔梅森作为玫瑰花园而享誉世间，但是令人费解的是，当时的到访者们却不曾提到玫瑰，反而对她收藏的其他植物津津乐道。这很可能是因为玫瑰园是在 19 世纪末由爱德华·安德烈秘密创建的，他是那位决定修复古堡里的建筑和花园的园林设计师。毫无疑问，约瑟芬确实收集到了很多玫瑰，只不过它们似乎都是栽种在花盆里的，这也是没有人见过她种满了玫瑰的花园的原因。尽管约瑟芬的信件只有些碎片幸存，但这个猜测可以从她写给她的侍女的便笺中得到证实，在1808年约瑟芬访问贝永时，约瑟芬要她的侍女向梅尔梅森的园丁确认一下"是否给我的玫瑰浇水了"。

拿破仑的第一任妻子——约瑟芬·博阿尔内，法国皇后，被誉为那个时代最伟大的玫瑰爱好者之一，弗朗索瓦·杰拉德，1801 年

约瑟芬不断地寻找玫瑰以丰富她的收藏。法国的玫瑰历史学家弗朗索瓦·乔约克斯煞费苦心地拼凑起了那个我们所知道的收藏清单。信息来源之一就是她与前弟媳即符腾堡的凯瑟琳娜的往来通信，这位夫人嫁给了拿破仑的弟弟热罗姆。

约瑟芬请凯瑟琳娜从她家位于卡塞尔的维森斯坦城堡寄送玫瑰给她。当凯瑟琳娜居住在那里的时候，那儿被称作"拿破仑庄园"，里面有一个

查尔斯－保罗·雷诺德，《朱尔斯·格拉维罗在拉伊玫瑰园》，约 1907 年

令人惊叹的玫瑰园，那是 50 年前由庄园园丁丹尼尔·奥古斯特·施瓦茨科普夫创建的。凯瑟琳娜写信告诉约瑟芬说她运送了一批玫瑰，其中一些是由施瓦茨科普夫培育的玫瑰，这些品种后来出现在雷杜德的《玫瑰图谱》中。雷杜德在书中很少提及约瑟芬和梅尔梅森，可能是因为在 1817—1824 年出版的时候，法国的政治氛围迫使他与前任赞助者保持距离。这本书的第 2 卷收录了玫瑰"罗西尔·德·范·艾登"，这是一种深酒红色的玫瑰，是约瑟芬从一个与之同名的荷兰种植商处购得的，书中指出："在（她）去世后，这种精美的玫瑰也从梅尔梅森消失了。"

很遗憾的是，梅尔梅森的玫瑰的命运大抵如此。这座城堡于 1824 年被卖掉，并在 1871 年的普法战争中被洗劫一空。当 1904 年它被上交给国家做博物馆时，所有的玫瑰都不见了。一种大的紫粉色法国蔷薇"约瑟芬皇后"是雅客 – 路易斯·德斯米特在大约 1815 年培育出来的，作为约瑟芬曾经的供应商，他不惜公然违抗当局，用约瑟芬的名字为玫瑰命名。同一年，法兰西帝国覆灭之时，德斯米特被迫放弃他位于当时的巴黎郊区圣丹尼斯的育种园。他的种苗被他的伙伴种植者让 – 皮埃尔·维伯特拯救下来，维伯特逃过了盟军的进攻，把种苗安全地带到了他在巴黎东部的马恩的育种园。我们在第四章中已提到过这个热爱拿破仑、痛恨英国的维伯特了。

1823 年，维伯特是当时栽培玫瑰最成功、收获成果最丰富的育种人之一，他推出了一款淡粉色的白蔷薇"约瑟芬·博阿尔内"，在这里用了已故皇后的前任夫姓，可能是为了弱化它与拿破仑的关系。

这只是在她死后不久以"约瑟芬"命名的数个玫瑰品种之一，这是她赢得了法国玫瑰种植人尊重的一个证明。华丽的橙粉色波旁玫瑰"梅尔梅森的回忆"是巴希尔·贝鲁兹于 1843 年在里昂推出的，它由一位参观过他的育种园的俄罗斯王子命名。它现栽种在已修复的梅尔梅森花园内，出资修复花园的人是朱尔斯·格拉维罗，他是位非常富有的商人，也是位于

20 世纪初重新栽种的、位于巴黎布洛涅森林公园的巴加特尔园

巴黎的精美的"很划算"百货商店的共同所有人。

格拉维罗一生都酷爱玫瑰，于是在1899年退休后他开始专注于玫瑰种植，并在园林设计师爱德华·安德烈的协助下在巴黎东南郊区拉伊的他的住所里创建了一个巨大的玫瑰园，格拉维罗寻获了大约1600种不同的玫瑰，到了1900年，这一收藏很快增至3200种，后来这里成为了世界上最大的玫瑰园。他对日本的皱叶蔷薇和西伯利亚的勘察加玫瑰尤其着迷。而且他与来自另外一个玫瑰种植家族的查尔斯－皮埃尔－玛丽·科歇－科歇（1866—1936年）合作，他们合作培育的成果之一就是通过科歇种植园在1901年引入了香气怡人的洋红紫色的皱叶蔷薇"拉伊玫瑰园"。1916年格拉维罗死后，他的家人继续经营维护着玫瑰花园，一直到 1937 年由当地政府部门收购，今天位于马恩河谷的这座玫瑰园保留了世界上大部分重要的玫瑰品种。后来当地市镇又把它的名字更名为拉伊玫瑰园。

从马恩河谷的玫瑰园穿过城市就是隐藏在布洛涅森林公园角落里的第二个玫瑰园——巴加特尔园。它让巴黎成为名副其实的世界玫瑰园之都。它的城堡是 1777 年一次打赌的所得，阿图瓦伯爵和他的嫂子玛丽·安托瓦内特王后打赌说，他不能够及时重建当时已被毁掉的建筑以筹办两个月以后的宴会，他赌赢了。阿图瓦伯爵在法国大革命期间因流放而保住性命。从 1832 年起，这处产业由一系列的英国贵族所拥有。1905 年，巴黎市收购这座城堡，并计划在空地上建一座玫瑰园，由景观设计师让 - 克劳德·尼古拉斯·福雷斯蒂尔设计，他因设计了埃菲尔铁塔旁边的战神广场而知名。

在巴加特尔园，经过与格拉维罗磋商后，福雷斯蒂尔创造了一座规则式的花园，他在长方形的花坛内栽种玫瑰，但也结合了庄园里的景观与许多保存下来的雕塑和小型建筑进行设计。他在草床上把单株的玫瑰栽种成环形，草床的边缘有展览用的盒子。藤蔓玫瑰环绕着方尖碑和凉亭生长，在标准的玫瑰丛下，栽种矮小的玫瑰以形成规则式布局。巴加特尔园收集到了超过 2500 个品种的 20000 多株玫瑰。1907 年，巴加特尔园为新的玫瑰品种举办了国际玫瑰比赛，由福雷斯蒂尔和格拉维罗为比赛剪彩。能将玫瑰重新引入花园，福雷斯蒂尔起到了一定作用，他对此感到很自豪，并且在 1920 年这样写道："仅仅 20 年前玫瑰还备受冷落，不允许被引进，在公共花园里无立足之地。"巴加特尔园被誉为"福雷斯蒂尔的大师之作"。园内珍贵的、有历史价值的玫瑰品种，尤其是 19 世纪早期的那些玫瑰，现在仍吸引着成千上万的参观者在每年的六月和七月前往参观。

摘自1884年的《伦敦新闻画报》刊登的漫画《夏日玫瑰秀》，讽刺公众玫瑰展的热度

第七章

新 玫 瑰
花 园

1858 年，第一届英国玫瑰展在伦敦圣詹姆斯宫举办，英国陆军科尔德斯特里姆警卫军团伴奏，吸引了 2000 多人前往参观。主张开办这次展会以及后来在 1876 年成立皇家玫瑰协会的人都是塞缪尔·雷诺兹·霍尔牧师，即英国皇家玫瑰协会在成立之初的 28 年间的主席。霍尔的家族财富是在曼彻斯特 "碰巧做了棉花生意" 得来的，最终他成为了罗切斯特大教堂的主任牧师。他将自己的神职事业与对猎狐和玫瑰的酷爱结合了起来。霍尔要举办一个玫瑰竞赛展的想法一呼百应，很快就成为伦敦社交日历上每年七月份的一个常规节目。

1861 年的那届展会，由于是在南肯辛顿巨大的水晶宫温室举办的，因而非常火爆，展会的展台绵延 150 米长，剑桥公爵夫人和玛丽公主也到场观看。霍尔一定会为 1862 年的参观人数更为欣喜，在那一年，5787 名参观者步入大门前去欣赏 4000 株玫瑰、听军乐队演奏、观看——也许是最有吸引力的一项——著名法国走钢丝演员查尔斯·布朗汀的低绳表演。1868 年的展览会上，霍尔自己的作品赢得了 16 个奖项中的 14 个一等奖。尽管这里是育种园如保尔、弗莱尔斯和康茨家族展示各自的新成果的舞台，但同时它也发挥了热情的业余种植者的想象力。许多园艺师，包括从获奖名单中看似乎数量不成比例的神职人员，也享受着展会竞争精神的乐趣，而将玫瑰仅仅视为普通的展品。

但也并不是每个人都赞同这样的做法。1883 年，威廉·罗宾逊那部影响深远的《英国花园大观》一书激起了一场拒绝维多利亚风格的规则式花园，以及拒绝将玫瑰排斥在大众园艺之外的运动。罗宾逊写了一整章关于"新玫瑰花园"的内容，并写道："玫瑰必须要回到花园里——那是真正属于它的地方，不仅仅是为了玫瑰，也是为了把花园从丑陋和僵化中拯救出来，把叶子和花朵的芬芳与尊严还给它。"

格特鲁德·杰基尔（1843—1932 年）是他的好友及合作人，她继承了

格特鲁德·杰基尔在书中所称赞的玫瑰园艺风格,《英国花园的玫瑰》,1902 年

他的观点,并在她的最畅销的书《英国花园的玫瑰》(1902 年)中名称相似的第一章"新玫瑰花园"里制订了具体的种植计划。杰基尔的园林风格对中上阶层影响深远。她的天赋是制订种植计划,包括列明适宜栽种的灌木和多年生植物的详细清单,其中当然包括玫瑰。

像罗宾逊一样,她认为玫瑰应该遍及整个花园。她清楚有些人仍然想要单独给玫瑰一块地方,在那里只种植玫瑰,而且——也许是有点不情愿地给出了一些计划和栽种建议,以及以下告诫:"我们越来越不能容忍常规的玫瑰园了,那种同心圆形状的花坛像靶环一样突兀地出现在草坪上,它们往往没有特别用意地、直接与花园的其他部分连起来,在这里,没有

种植在爱德华·马利的花园里的参展玫瑰，他是
格特鲁德·杰基尔的书的合著者，注意花朵上面
的锥形保护罩

展览盒内布置好的玫瑰花，摘自格特
鲁德·杰基尔的《英国花园的玫瑰》，
1902 年

考虑色彩和其他值得注意的因素就简单地填充上一些植物。"如果必须要
有这样的花园的话，她建议运用深颜色的树篱与"有链子相连的柱子一起，
使柱子和自由生长的玫瑰丛交替放置"。杰基尔理想中的玫瑰园的调色板
从不繁杂，或者甚至如她所说："'华丽的'这个词非常不恰当……形容
花朵光彩夺目的'华丽'一词更适合用在其他植物及花园的其他部分。我
们的思绪不想受到打扰，也不想从玫瑰的美丽和愉悦中转移。"

　　皇家玫瑰协会仍坚持早前的观点。这个世界上最古老的专业植物协会
对于接受新观念有点缓慢。在霍尔牧师及他勤恳的荣誉秘书亨利·德恩布
莱恩牧师等知识丰富但却非专业的玫瑰种植人的带领下，协会的成员们继

续专注于栽培那些能够登上领奖台的品种，而并非培育如罗宾逊和当时的杰基尔所建议的那些可以纳入在花园里自然栽种计划的玫瑰。

这种分裂一直持续到了 20 世纪，尽管丰花月季已经诞生。但它们基本上被当作是花坛玫瑰。丰花月季是用来大面积栽种的，而且大多时候是

一份 1896 年的康茨公司的产品目录，康茨是自 18 世纪以来英国领先的育种公司

栽种在公共的花园里的，花园里使用新型化学喷雾剂，这样可以保证植株周围的土壤不长杂草。花的颜色五彩缤纷，但多数没有香味，好似全世界的园丁都回到了专种玫瑰的花园，或者至少是单个的玫瑰花坛。强壮、规则的杂交茶香月季不在罗宾逊和杰基尔说的那种混合栽培计划里，但是在小花园中很流行，不同种类的花可以形成一个万花筒，正如杰基尔所说的那种"华丽"，不是赞美，而单纯只是整个夏天到处可见的五彩斑斓。它们由同样喜爱绚丽色彩的园丁，如哈利·特克罗夫特（1898—1977年）所提倡，以及类似 D.G. 海森博士的出版物《玫瑰种植人》那样，用花哨俗气的，甚至不切实际的颜色印制劣质的彩色印刷品来引诱买家。

时间转向 20 世纪中期，位于伦敦摄政公园的玛丽王后玫瑰花园，最初是在 1935 年由乔治五世的妻子玛丽王后开办的，因这里有 12000 株玫瑰，所以一直是伦敦最大的玫瑰园。最初这些花展示在规则的花坛里，藤蔓玫瑰顺着绳棒生长。这种非写实的展示后来成为玫瑰花园时尚的代表，今天它也增种了更多混种的植物，包括一些原生种玫瑰。

出身贵族的作家及园艺家薇塔·萨克维尔·韦斯特（1892—1962年）和她的外交官丈夫哈罗德·尼克尔森坚定地站在罗宾逊和杰基尔的阵营中。20 世纪 30 年代，他们在肯特郡的西辛赫斯特城堡新买的住所周围建造了一个花园。

萨克维尔·韦斯特拒绝流行的、越来越花哨的杂交茶香月季和丰花月季，支持罗宾逊的观点："'规则化'原则对于设计一个园林是必要的，但绝对不适用于安置园中的植物和灌木。"她还说："在位于西苏塞克斯的格雷维提的家中，罗宾逊利用矮株的植物覆盖他的玫瑰花坛，把玫瑰丛下的每一寸土壤都隐藏起来，这个庄园现在是一个五星级的乡村酒店。"她也不喜欢标准玫瑰，认为"硕大的花朵头重脚轻，好像细长腿的鹤一样"。

薇塔·萨克维尔·韦斯特着手收集古代玫瑰，在那些她看作是"尤其

哈利·特克罗夫特公司 1970 年的玫瑰目录，跟它的培育者一样，色彩很艳丽

恐怖”的现代月季比如 “多萝西·帕金斯”或者“美国支柱”涌入之前的古代玫瑰。她承认（喜欢）古代玫瑰是慢慢养成的爱好，但却是像牡蛎一样，一旦拥有就变得越加贪心。她所拯救的一朵深栗色的香味浓郁的玫瑰，是在西辛赫斯特的果园里发现的，于 1947 年将其命名为“西辛赫斯特城堡玫瑰”，但是很显然，它比城堡更古老些，溯源其上大概就是 16 世纪的叫做“德莫里斯玫瑰”的品种。她也定期在《观察家报》的园艺专栏上和自己的书中记录关于玫瑰的文字。现在这些花园会定期向公众开放，用萨克维尔·韦斯特的话来说会势利地称呼公众为“先令”，因为她也需要资金来维持花园的运转。到 1962 年她去世的时候，西辛赫斯特的花园里已经有 300 多个栽培种和原种。它一直是世界上访客人数最多的花园，只是

玫瑰插花，灵感来源于方丹－拉图尔的画作，制作者康斯坦斯·斯普赖，老种玫瑰的狂热收集者

到 2013 年的时候，萨克维尔·韦斯特的 300 多个玫瑰品种里只有 100 个保存了下来。目前现任首席园艺师特洛伊·斯科特·斯密斯根据她的园丁日记成功地辨别和重新引进了一些遗失的品种。

萨克维尔·韦斯特的努力只是这个渺小行动的一部分，但却致力于恢复古代玫瑰的普及程度，并向世人展示它们不全都是易害病的、每年只开两个星期花的植物。康斯坦斯·斯普赖——英国插花艺术女王——是另外一个钟情于古代玫瑰的人。在第二次世界大战期间，她邀请格拉汉姆·斯图尔·托马斯来观看她收藏的古代玫瑰，后来托马斯评论其为"园艺界见不到类似的"。

托马斯在萨里乔巴姆的希尔林育种园做了 40 年的园丁，后来成为国家信托基金会在一些大型英国花园方面的顾问，也成为了古代玫瑰的倡导者。他受到了玫瑰历史学家爱德华·邦亚德作品的启发，尤其是《古代花园玫瑰》（1936年）这部作品。然而，托马斯对于在花园里种植各种各样玫瑰的必要性，尤其是那种对公众开放的花园，还是持有比较务实的态度的。众所周知他很挑剔，他对于什么样的玫瑰该种在哪里有着强烈的主见，正如他在《今天的灌木玫瑰》（1962年）中所写的：

> 简单地说，我喜欢一种轻微的秩序感，更喜欢让杂交茶香月季和丰花月季或者是古代玫瑰离房子更近些。它们是人造的，所以跟座椅和小径、菜地、规则草坪和花坛搭配得很好。另一方面是呼吸着清新、自由空气的原种玫瑰和野性的乡村，它们吸引人但不艳丽，散发着一种需要其他自然事物围绕在周围的草本或木本植物的美。

托马斯是位育种家，同时他也是古代玫瑰的世界权威，他创造了"老灌木玫瑰"这个术语来代替之前人们熟知的"老花园玫瑰"或"老时尚玫瑰"。当他在希尔林育种园时，他总是优先收集那些"值得种在花园里"的，以及那些卖得出去的玫瑰品种。在第二次世界大战期间，希尔林的玫瑰品种从1250个缩水到400多个，而且很多老种玫瑰甚至被托马斯丢弃，以至于永远消失了。直到20世纪60年代末，诺德福的育种师彼得·比尔斯才建立起当时唯一致力于保护与售卖老种玫瑰的育种园。当比尔斯还是个年轻的学徒园丁时，格拉汉姆·斯图尔·托马斯曾是他的导师之一。大卫·奥斯汀也成为了托马斯很要好的朋友，并在1983年以他的名字命名了他培育的最流行的玫瑰之一——浓黄色茶香月季"格拉汉姆·托马斯"。托马斯的影响力至今仍可在英国希德科特、西辛赫斯特、波尔斯登莱西和斯图尔特山等地的国民托管组织花园见到。在汉普郡的莫蒂斯方修道院，他将最好的古代玫瑰收藏集中在一起。到了 20 世纪 70 年代，即将退休的他需要为这些源自 1900 年以前的古代玫瑰找一个家。正好在莫蒂斯方有一个他多年来在不停地扩建的带围墙的菜园。它现在已成为收藏 1900 年之前的古代玫瑰的国家花园。

虽然莫蒂斯方展出有 1000 多株玫瑰，但它的收藏与欧洲大陆其他几个玫瑰园相比却显得相形见绌。在富有的业余收藏家及热情的国家玫瑰协会的共同努力下，西欧大多数国家都拥有至少一座最主要的玫瑰园。法国除了巴黎、里昂那些对著名的玫瑰育种栽培家具有历史意义的玫瑰园之外，在金头公园甚至有两个古代玫瑰收藏园；丹麦哥本哈根附近有格列夫玫瑰园；比利时有克洛马的圣彼得 – 莱厄夫花园；意大利在佛罗伦萨附近有巨大的菲涅斯基花园，是由詹弗兰科·菲涅斯基（1923—2010 年）设计的。这里仅举几个例子。

唯一一个比菲涅斯基花园收藏花朵更多的欧洲玫瑰园是桑厄豪森玫瑰园，在德国的莱比锡附近。

它由德国玫瑰协会在 1898 年创建并于 1903 年对外开放，现拥有大约 80000 多株玫瑰，超过 8600 个品种。那里有很多的栽培种，这个玫瑰园拥有最多的是 20 世纪早期的玫瑰品种，包括大量的藤本月季、小姐妹月季、杂交长青月季和诺伊塞特月季。1948 年，当桑厄豪森玫瑰园在"铁幕"背景下关闭后，西方的玫瑰爱好者们不太容易能进入这个花园了。

尽管被东德的煤矿所包围，但敬业的团队还是设法保存了里面的收藏。自从 1989 年东西德国统一后，它的收藏量持续上升。西德的收藏园位于多特蒙德的威斯特法伦公园，利用主题公园展示了超过 50000 株玫瑰。德国玫瑰协会还鼓励城镇和乡村在公共花园或者房前花园里以玫瑰作为特色，并在镇名或村名前冠以"玫瑰小镇"或"玫瑰村"。

大卫·奥斯汀的"格拉汉姆·托马斯"月季，1983年，为纪念在汉普郡的莫蒂斯方收藏老种玫瑰的那位伟大的玫瑰园艺家

在美国，拥有"玫瑰之城"呼声最强烈的城市是俄勒冈的波特兰。1905年它举办了一次也是唯一的一次世界博览会，组织者在人行道上种植了佩尔内特－杜歇的杂交茶香月季"卡洛琳夫人"（1892年）灌木丛。这个效果美丽炫目，这款可靠的玫瑰在整个夏天都会开出球形的银粉色的花朵。随之而来的是1907年的玫瑰节，同时，玫瑰实验花园成立，可以在这里实验、培育新的玫瑰品种。波特兰的两家玫瑰园也许没有许多在加利福尼亚的玫瑰园那样的气候，例如，位于洛杉矶圣马力诺的出色的亨廷顿植物园，但它们依旧非常受欢迎。在东海岸，康涅狄格州哈特福德的伊

德国桑厄豪森玫瑰园是欧洲最大的玫瑰园。远处的煤堆提醒着人们，这里曾经属于东德的历史

丽莎白公园的玫瑰园是美国最古老的市政玫瑰园，比波特兰的玫瑰园早一年开放。它也是美国玫瑰协会（1912 年）的第一个实验场地，保存了超过 15000 株玫瑰，涵盖 800 多个品种。

自美国建国以来，玫瑰一直是最受欢迎的花卉。尽管北美本土的玫瑰品种很少，但它却是最古老的玫瑰化石的发现地，并且在 1986 年，国会通过了一项决议，采用玫瑰作为国花。然后，罗纳德·里根总统在正式的公告中提醒美国民众，他们的第一任总统——乔治·华盛顿曾栽种玫瑰，并附上一句异乎寻常的花语：“我们珍视玫瑰胜过其他任何花朵，将它视为生命、爱、奉献的象征，以及美丽和永恒的象征。为了男人和女人之间的爱，为了人类和上帝之间的爱，为了对国家的爱，美国人会用心灵之语表达对玫瑰的爱。"全国跟随着1955年就选择玫瑰作为本州的象征的纽约州的脚步。其他州选择了跟各自地区相关的特定品种作为州花，例如爱荷华州在1897年选择了野生的大草原玫瑰，现在称为阿肯色蔷薇；2004年俄克拉荷马州选择了同名的俄克拉荷马玫瑰；乔治亚州早在1916年就

佩尔内特－杜歇的"卡洛琳夫人"，1892年，俄勒冈州的波特兰在1905年种植了10000株，由此获得"玫瑰之城"的称号

选择了切洛基玫瑰作为其象征，尽管最近的研究表明切洛基玫瑰起源于中国。不管《得克萨斯的黄玫瑰》这首歌是多么流行，其实得克萨斯州的官方花卉是羽扇豆，或者如当地人那样，称之为"得克萨斯羽扇豆"。

很多任美国总统都是玫瑰的热爱者。就像罗纳德·里根说过的那样，这要追溯到乔治·华盛顿的时期，他在弗吉尼亚的芒特弗农的住所栽种了很多的玫瑰，以至于要花整个星期的时间去收集花瓣给他的妻子做玫瑰水

白官的玫瑰园一直以来都是总统家庭们最宝贵的私人和公共空间

用。正如之前提到过的那样，在 19 世纪伊始，托马斯·杰弗逊曾在弗吉尼亚蒙蒂塞洛家中的花园栽种玫瑰。今天那里的玫瑰园——莱昂妮贝尔诺伊塞特玫瑰园依旧是以他最喜欢的八角形为基础的，并展示了许多种类的诺伊塞特月季、茶香诺伊塞特月季和中国月季。

自 19 世纪中期以后，白宫里也栽种了玫瑰。拉瑟福德·海斯总统是禁酒主义者，他在 1877 年时为白宫增添了一座玫瑰温室，也许是希望他的宾客陶醉在香气中。然而我们现在无法知道栽种的是哪些品种，它们很可能是娇弱的品种，必须要在玻璃温室里生长，以保护它们不被华盛顿偶尔出现的严寒天气伤害，这些玫瑰花是白宫用来做插花的。1893 年，在格罗弗·克利夫兰总统的主导下，数千朵玫瑰，其中包括淡粉色的茶香月季"凯瑟琳·梅尔梅"（1869 年）用于装点冬天的餐桌。1900 年，在威廉·麦金利总统的影响下，一款粉色的藤蔓月季"中国皇后"（1896 年）成为白宫的另一新宠，它是以 1783 年到达中国的第一艘帆船的名字来命名的。

1902 年，第一夫人伊迪丝·罗斯福的到来改变了一切。让首席园丁亨利·菲斯特感到绝望的是，暖房、温室和玫瑰屋都被当作"西翼"的一部分给清除走了，然后在原址上创建了一座规则式的户外花园。在 1913 年，艾伦·威尔逊担任第一夫人的短暂时间里（她死于 1914 年），伊迪丝·沃顿的侄女、哥特鲁德·杰基尔的朋友比阿特丽克斯·琼斯重新设计了这座花园。受杰基尔的影响，琼斯完全重新栽种了东花园。在与历史学家麦克斯·弗朗德结婚后，她继续设计花园，后来她成为了北美地区最有影响力的设计师，并缔造了位于华盛顿的邓巴顿橡树园里的玫瑰园。

当 1960 年肯尼迪一家到来时，花园已经面目一新。尽管亨利及贝斯·杜鲁门在任期内（1945—1953 年）引进了丰花月季，但肯尼迪一家的第一批项目之一就是将玫瑰园重新设计为杰斐逊主张的 18 世纪风格——一个规整的草坪，饰以修剪整齐的长青树篱。这个项目是在他们的密友雷切尔·梅隆夫人与她的园艺设计师佩雷·惠勒的共同监督下进行的。1961年梅隆给了肯尼迪总统一本托马斯·杰斐逊的《花园》，他饶有兴致地查阅杰斐逊的种植笔记。虽然是以玫瑰园命名、由梅隆设计的，但是玫瑰不再占花中的主导地位。尽管如此，每一任入主白宫的家庭都引进了一些他们各自喜爱的品种，多年来，"伊丽莎白女王"一直坚守在那里，而"帕特·尼克松""南希里根"和"罗纳德·里根"来来往往，就如人们所期待的白宫易主一样。

新的玫瑰花园成为并一直是最受喜爱的户外娱乐地点，偶尔也是总统的婚礼地点。它足够大，可以容纳1000个客人，却也足够隐蔽，总统可以坐下来和其他的国家领导人密谈。它甚至进入了政治词典，在白宫继任选举活动中以"玫瑰花园策略"来表明主张。梅隆夫人曾评论说玫瑰"在白宫的历史上一直都是可以将历届主人团结在一起的那一种花卉"。

第 八 章

文学中的

玫 瑰

在 1861 年，当画家兼诗人但丁·加百利·罗塞蒂和诗人阿尔加侬·斯温伯恩在经过伦敦梅菲尔的格拉夫顿街道的伯纳德·夸里奇书店时，他们看到了一堆打折的插画诗集，有伟大的波斯数学家、天文学家、诗人欧玛尔·海亚姆（1048—1131 年）的诗集译本。译者爱德华·菲茨杰拉德聘请爱德华·J. 沙利文为书中的 75 首四行诗的每一首诗都配上线描插画，然后出资印刷此书并说服夸里奇进了些书在店中售卖，但这些书在那里滞留了两年都没有售出。为了尽快卖掉书，夸里奇将其降价至 1 便士并放在店外的桌子上，罗塞蒂和斯温伯恩各自买了一本。他们都被书中的语言和视觉意象深深迷住，并告诉了他们所有的朋友，消息很快传了出去。很显然，菲茨杰拉德是相当自由地翻译了此书，将书名译为《鲁拜集》。书很快售完，而且以各种各样版本的插图重印，从未绝版，最广为人知的是埃德蒙·杜拉克所绘插画的版本。

鉴于玫瑰在波斯文化中的重要性，《鲁拜集》中多次提及玫瑰并不奇怪，其中最令人印象深刻的四行诗是第 13 首："请看周遭烂漫的蔷薇——她说道：'我笑着开在世界里，一朝我的锦囊破时，我把囊中的钱财散满园地。'"这首诗激发了很多诗人和插画师，如威廉·辛普森等艺术家前往海亚姆在伊朗东北部尼沙普然的墓地悼念。

他发现了一种小的、粉色的玫瑰生长在那里。他带回了一些这株玫瑰的种子寄给邱园。其中长出的最好的幼苗是一株在夏季开花的大马士革蔷薇，它于 1893 年 10 月 7 日被欧玛尔海亚姆俱乐部的热情成员们栽种在萨福克布尔格的菲茨杰拉德的墓前。

在《旧约全书》及古希腊与古罗马、中国唐宋时期、莎士比亚、英国浪漫主义诗人等文学家的作品中，玫瑰一直以来都是文学中的经典意象。它在不同时代有着各种象征意义，比如典雅的爱情与欲望、死亡和生命的脆弱，以及上帝的爱。玫瑰很少有不带刺的，这给了它另一个文学隐喻，

埃德蒙·杜拉克，韵律诗《看那风中的玫瑰》插画，出自《鲁拜集》，1909 年

意味着为了这一系列的爱需要付出巨大的代价。没有其他的花能够激发如此多的伟大作家的灵感。在中国宋代，有一首诗中提到黄色蔷薇：

> 瀹雪凝酥点嫩黄，
> 蔷薇清露染衣裳。
> 西风扫尽狂蜂蝶，
> 独伴天边桂子香。

数个世纪以来，波斯一直是玫瑰崇拜的中心并以波斯文学而闻名于世。把书籍称为"花园"的传统正是源自波斯。这一传统与波斯的诗人兼哲学家萨迪（1194—1296年）有特别的联系。在他的著名作品《古丽斯坦》（又名《玫瑰园》，1258年）的前言中他解释了原因：

> 一盘玫瑰对你有什么用处？
> 从我的"玫瑰园（书）"里摘一片叶子。
> 一朵花也只能开五六天，
> 但是我的"玫瑰园（书）"总是令人愉悦。

同样地，哈菲兹（1315—1390年）至今仍然是伊朗最受喜爱的诗人，他的诗中也写了许多的玫瑰。

很久以来，从西班牙到日本的作者都用园艺语中的"收集""树叶"和"言语之花"来指代作品集。

这个把书比作一个花朵储藏库的隐喻很好地构建了西方文学的传统。"选集"一词来自希腊语，意思是"采集诗歌之花"。花园是一个"安乐之所"或者"理想的、令人愉悦的地方"的想法鼓励作者们用隐喻和故事来吸引

《萨迪在玫瑰园》，一幅摘自 1645 年版，波斯诗人萨迪的《古丽斯坦》（又名《玫瑰园》）的插画

手拿一朵（很大的）玫瑰花蕾的恋爱中的人，摘自《玫瑰传奇》

读者。尤其是"封闭的花园"的典故至少可以追溯到《旧约全书》中的雅歌：
"一个封闭的花园是我的姐妹、我的伴侣，一个关锁的花园犹如一个封住
的源泉。"

　　中世纪的欧洲文学极大地受到了《玫瑰传奇》的影响，基洛姆·德·洛
利思大约在 1230 年创作了一首最初有 4000 行的诗。它以一个有围墙的花
园为背景，用玫瑰比喻女人和得不到的爱情。典雅爱情是理想化的骑士行
为的缩影。根据柏拉图的思想，典雅爱情讲述的是年轻的骑士对一个一

直无法得到的女人的崇拜，通常是因为她已经结婚了。通过一步步精心的安排，他试图赢得她的芳心，从而证明了在她无依无靠的时候他的价值。理解，甚至是实践典雅爱情被视为是每个年轻贵族所受的基本教育的重要组成部分。

据推测，德·洛利思是在《玫瑰传奇》完成之前去世的，因为原文的4000行诗以后的部分在之后的40年里一直没有完成，直到13世纪70年代，让·德·摩恩续写了17000行不朽的诗句。他写作的主题复杂，包括了理性、天赋与其他人格化的哲学思想之间的辩论。把重点从浪漫的理想主义转移到更加明显的性爱情感，现在"玫瑰花蕾"变成了一种身体的、感官的象征。《玫瑰传奇》现存约有130种手抄本。3个世纪以来，这部诗集一直是欧洲最畅销的书，虽然它也受到了批评。例如，1402年，克里斯蒂娜·德·皮赞所著的《关于玫瑰传奇的争论》反对让·德·摩恩在诗中关于厌恶女性的描写。

杰弗雷·乔叟（1343—1400年）也有一份《玫瑰传奇》，并将其中的部分翻译为《玫瑰的浪漫》，"Romaunt"在中古英语里意为"浪漫"。因为在原文里主人公向一个年轻女子求爱，女子被安全地藏在一个有围墙的花园里：

> 如此珍藏是理所当然的，
>
> 她应该好好地
>
> 抓住每一朵玫瑰。

受到《玫瑰传奇》的影响，乔叟用人性化及性感现实主义的手法刻画人物，这在英国的写作史上是前所未有的。《坎特伯雷故事集》中有几处借用了《玫瑰传奇》，例如巴斯夫人有几句台词就是直接从《玫瑰传奇》

莎士比亚的《仲夏夜之梦》中奥布朗所说的提泰妮娅睡觉的地方，如20世纪初的一张明信片所绘

借用过来的，甚至女校长的餐桌礼仪都可以与法语版《玫瑰传奇》联系起来。

如果说《玫瑰传奇》的象征手法让现代读者感到困惑和陌生的话，那么但丁·阿利吉耶里（1265—1321年）创作于14世纪早期的叙事体史诗《神曲》的第三部分"神秘玫瑰"也是如此，诗中讲述了但丁穿越地狱、炼狱以及最后到达天堂的旅程。他敬爱的缪斯女神比阿特丽斯带领他穿过九个球体见到上帝。接近尾声时，他看到一朵巨大的单瓣玫瑰花瓣上站着一群圣徒。

阳光洒落下来，比阿特丽斯走到花瓣上她的位置，花瓣融合了人与神的爱。这首诗充满了园艺的隐喻——圣人被称为花朵，天堂被称为花园，白玫瑰的香气代表着对上帝的无限赞美，当然，上帝是"永恒的园丁"。但丁诗中的神秘白玫瑰代表了天堂，确立了玫瑰作为宗教象征的地位。继但丁之后，弗朗西斯科·彼得拉克（1304—1374 年）是另一位因十四行诗而知名的诗人，他经常在他的爱情诗中运用玫瑰的意象：

> 这朵白玫瑰诞生于尖刺荆棘中，
>
> 我们什么时候才能在这个世界看到平等？
>
> 什么时候才能看到这个时代的荣耀？

法国诗人皮埃尔·德·龙沙的《致卡桑德拉的颂歌》（1545 年）一诗中的"亲爱的，我们去看看玫瑰吧"是一句出名的诱惑诗句，出自那个被称作"诗人中的王子"的人之口，他还曾说过："玫瑰是丘比特的花束。"

莎士比亚也同样经常描写玫瑰。他曾是一个乡村男孩，因此他热爱植物并且知晓种植方法。用卡罗琳·斯普林在 1935 年对莎士比亚的形象的开创性分析的话来说就是：有一种观点是，在他（莎士比亚）所有的职业中最重要的一个当然是一名园丁。他观察、保存、照料、呵护他所种植的东西，特别是花和水果。在他所有的剧本中，他最容易且最果断地以园丁的角度来思考人类的生活和行动。

在莎士比亚的戏剧和诗歌作品中有多达 70 多处提到了玫瑰——比任何其他植物都要多。我们之前已经了解了约克家族和兰开斯特家族的玫瑰象征，以及它是如何永久地与 15 世纪的王室斗争，即众所周知的玫瑰战争联系在一起的，相较于历史事实，这些更要归功于莎士比亚的想象。

莎士比亚的戏剧《亨利六世》，也许还有其他早期的戏剧作品都是在伦敦河岸的玫瑰剧场上演的。这是著名的南岸剧场中的第一个，是由菲利普·亨斯洛于1585年在一个有两个花园的公寓所在地建造的，这两个花园被称为玫瑰巷旁边的"小玫瑰"，但这个剧场很快就因为环球剧场的走红而黯然失色，并在1605年关闭。1989年，人们发现了保存完好的玫瑰剧场遗址，并发起了一场保护玫瑰剧场的运动。著名的参演莎士比亚剧的演员劳伦斯·奥利维尔在最后一次公开讲话中表示支持玫瑰剧场修复项目。它的地基已经被保护起来，但是重建看起来似乎不太可能了。

莎士比亚最出名的关于"玫瑰"的名言出自《罗密欧与朱丽叶》（第二幕，第二场）中朱丽叶在露台说的话，它肯定会使每一个听到它的园丁感到一阵熟悉的颤抖："名字算什么？我们所称玫瑰的，即使换个名字还是一样的芳香。"莎士比亚很了解他的玫瑰，并几次提到了玫瑰的名字。在《科利奥兰纳斯》（第二幕，第二场）中，勃鲁托斯谈道："白色的大马士革蔷薇绽放在他们优雅张开的脸颊上。"在《冬天的故事》（第四幕，第三场）中，奥托吕科斯说道："像大马士革蔷薇一样甜美的手套。"在《仲夏夜之梦》（第二幕，第一场）中，奥布朗和提泰尼娅都提到过麝香蔷薇。奥布朗勾勒出一个馨香四溢的山谷："馥郁的金银花，芳泽的野蔷薇，漫天张起了一幅芬芳的锦帷。"而沉醉其中的提泰尼娅痴迷于奥布朗，不顾他还长着驴头，咏唱着："我要把麝香蔷薇插在你柔软光滑的头颅上。"（第四幕，第一场）

莎士比亚也从不怯于指出玫瑰更尖锐的一面，如他的十四行诗第35首中所说："玫瑰有刺，明泉也难免有浊水烂泥，可恶的蚊虫会在娇蕾里躲藏。"奥赛罗在犹豫是否要杀死苔丝狄蒙娜时，想到了生命的脆弱："当我摘下一朵玫瑰，我再也不能给它生长的活力。"（第六幕，第二场）斯珀吉翁认为莎士比亚在埃文河畔斯特拉特福德的家中作为真正园丁的亲身经历，使得他与同时代的牛津剑桥毕业的诗人和剧作家不同。正如比隆在《爱的徒劳》中所说的（第一幕，第一场）：

> 我不愿冰雪遮盖了五月的花天锦地，
>
> 也不希望蔷薇花在圣诞节含娇弄媚。
>
> 万物都各自有它生长的季节。

埃德蒙·斯宾塞（1553—1599年）用大马士革蔷薇和水仙花给牧羊女王费尔丽萨加冕，显然，这是一个不太可能的花朵组合，还有其他作家也同样缺少园艺知识。在斯珀吉翁看来，博蒙特和弗莱彻在《瓦伦提尼安的悲剧》（1647年）中给人物写的这句"你被安置在谁的身上，就像玫瑰长在杂草丛中"表现出真正的无知。同样地，安德鲁·马维尔（1621—1678年）在《少女哀悼小鹿之死》一诗中写道："我有一个属于自己的花园，但是长满了玫瑰，还有百合，你也许猜到了，那里有些杂草丛生。"

尽管玫瑰的象征意义与天主教的联系在宗教改革时期就已经消除，但17世纪中期的清教徒约翰·弥尔顿（1608—1674年）在他的史诗《失乐园》中为玫瑰恢复了名誉。弥尔顿将天堂的主人描述为"沾满了天上的玫瑰"，玫瑰是属于天堂的花朵之一。亚当和夏娃甚至睡在玫瑰花床上，亚当还要求夏娃照料玫瑰。这与莎士比亚经常把玫瑰与青春联系在一起如出一辙，也时常把这首诗与失去的黄金时代的主题联系在一起。《失乐园》中玫瑰出现的场景还有撒旦发现夏娃："面纱散发着幽香，在她站立的地方，突然发现，周围浓密的玫瑰泛出红色的微光。"玫瑰又一次成为了情侣情感分崩的一部分，当"夏娃头顶的花冠凋落，所有枯萎的玫瑰凋落"。

我们在第一章结尾提到过罗伯特·赫瑞克借用罗马诗人奥索尼乌斯的诗句而作的《致少女，珍惜青春》，里面提醒我们"趁青春年少，快去采摘玫瑰花蕾"。但是从王政复辟时期到18世纪初期间的诗歌中，玫瑰很少出现，只在诸如斯威夫特、德莱登和蒲柏的作品中偶尔提及。在蒲柏的讽刺史诗《夺发记》中，玫瑰仅作为对莎士比亚作品中经常出现的"面颊粉红"的青年人的一个讽刺形象：

> 装模作样，带着病态的神情，
> 脸上露出十八岁的玫瑰粉色。
> 练习直至口齿不清，把头垂向一边，
> 晕倒在空气中，骄傲地憔悴。

17到18世纪的这种文学中的中断可能是与玫瑰和天主教的联系有关。自从斯图亚特王朝的到来，都铎玫瑰作为一种政治象征的意义消失了。同时，卡尔·林奈和其他人对植物和花卉的科学研究逐渐褪去了玫瑰的宗教和神秘色彩，因为他们的研究代表的是更为直观的感受。

诗人中再次纪念浪漫主义玫瑰的是18世纪晚期的苏格兰吟游诗人罗伯特·彭斯（1759—1796年），他于1794年出版的叙事诗里被经常提到的是《一朵红红的玫瑰》。很多人，不只是苏格兰人，当他们听到诗开头的那一句："我的爱人像一朵红红的玫瑰，在六月里开放。"肯定会觉得它很难不被谱为歌曲（但这也不总是明智的）。另外两首广为人知的有玫瑰元素的诗后来都成为了19世纪的歌曲。爱尔兰诗人托马斯·摩尔的《夏日最后的玫瑰》（1805年）的灵感来自宫粉月季。这首诗后来又反过来启发了从贝多芬到布里顿的这些作曲家们：

> 这是夏日最后的玫瑰，
> 它独自绽放着；

所有昔日动人的同伴

都已凋落残逝。

身旁没有同类的花朵，

没有半个玫瑰花苞

可以映衬她的红润，

20世纪早期的明信片，画面是根据丁尼生的诗《莫德》改编的音乐剧

"Rosy is the West,
Rosy is the South,
Rosy are her cheeks
And a rose her mouth."
(Tennyson's "Maud".)

分担她的忧愁。

《到花园里来，莫德》，年长些的英国读者可能会不由自主地哼起这首歌来，这最初是 1855 年阿尔弗雷德·丁尼生（1809—1892 年）创作的

威廉·布莱克，诗歌《病玫瑰》的插画，摘自《经验之歌》，1794 年

一首诗，两年后，迈克尔·巴尔夫为它谱曲，配上了略带伤感的音乐，并用钢琴伴奏，使它成为了非常流行的客厅歌曲。诗中提到了玫瑰，称莫德为"少女玫瑰园中的玫瑰花后"，当她最终来到花园时，紧张的剧情开始了，至少在现代人听来，"封闭式花园"暗示了女性的性意识。相比之下，威廉·布莱克（1757—1827年）无论是在文字上还是在插画上都刻画出了一个远没有那么吸引人的形象：

> 你病了，玫瑰！
> 那只无形的虫
> 飞过黑夜，
> 在疾风暴雨中
> 找到了你殷红的、
> 欢愉的花床。
> 它的黑暗而隐秘的爱，
> 让你夭亡。

布莱克更倾向于在野花丛中找到天堂。

与布莱克一样，19世纪大部分的浪漫主义诗人们都拒绝赞颂整齐栽种的花园玫瑰，因为他们的灵感来自于大自然。高产的威廉·华兹华斯（1770—1850年）不仅仅很少提及玫瑰，在《致雏菊》一书中，他还把玫瑰与雏菊（"诗人喜爱的"和"大自然喜爱的"）进行了对玫瑰不利的对比："骄傲的玫瑰，雨水和露珠使她的头发蓬松。"1806年，华兹华斯居住在莱斯特郡克尔顿庄园的家庭农场，他帮助庄园的主人乔治·博蒙特爵士建造了一个冬季花园，为此他甚至写下了好几行诗来庆祝砍掉了一株玫瑰，这为雪松树的种植创造了空间。

但是玫瑰的诱惑力是如此强大，以至于难以忽视，其他浪漫主义诗人们，特别是约翰·济慈（1795—1821 年）所提到过的玫瑰多到可以汇集成书。在《圣阿格尼丝之夜》（1820 年）中他写道："忽然的想法像盛开的

约翰·泰尼尔爵士的插画，刘易斯·卡罗尔的《爱丽丝梦游仙境》中，"园丁们"正在把白色玫瑰涂成红色

玫瑰，舒展他的眉，洗涤他痛苦的心，他的心中生出紫色的暴乱。"玫瑰的美丽转瞬即逝的属性也出现在了他的《无情的美人》（1819年）中："您的脸颊似玫瑰在凋零——转瞬即枯萎。"同样地，他的《忧郁颂》（1820年）写着："一旦忧郁的情绪突然来到……你就该让哀愁痛饮早晨的玫瑰。"还把玫瑰与"海浪上空的彩虹……姹紫嫣红的牡丹"联系在一起，而且他形容自己的情人有双"无与伦比的眼睛"。除此之外，针对玫瑰脆弱的自然本性，济慈认为"它与美共处——那必将消亡的美"。济慈诗中，玫瑰代表着生命力及世事无常。

克里斯蒂娜·罗塞蒂（1830—1894年）在诗歌《十月花园》中写到"在疏落的玫瑰中"哀悼，而阿尔加农·斯温伯恩（1837—1900年）在诗歌《两个梦》（写在薄伽丘之后）中发现"玫瑰的刺摸起来很危险"。

珀西·比希·雪莱（1792—1822年）在他的诗《当温柔的歌声消散》中也把玫瑰与生命的有限联系在一起：

> 当玫瑰凋谢时，
> 叶瓣，将堆成爱人的床；
> 当飘然远去时，
> 爱情，将在我对你的思念中安眠。

雪莱在诗歌《忆》中把花卉编成了目录，但这一次是单瓣紫罗兰赢了：

> 百合花洒满新娘的床；
> 玫瑰在新娘的头上；
> 紫罗兰在未婚妻死时；
> 三色堇让我的花在我生命的坟墓上。

在整个19世纪，玫瑰出现在各种文学作品中，包括儿童故事。汉斯·克里斯蒂·安徒生（1805—1875年）的许多童话故事中都有玫瑰，据说玫瑰是他最喜欢的花。在《拇指姑娘》（1835年）中，小拇指姑娘用一个玫瑰花瓣当被单；在《猪倌》（1841年）中，年轻人送给皇帝女儿的是五年才开一次的单瓣玫瑰；《凤凰》（1850年）中的那只凤凰诞生于天国花园的第一株玫瑰丛中。

另外一个儿童文学中永久的玫瑰形象来自刘易斯·卡罗尔的《爱丽丝梦游仙境》（1865年）。当爱丽丝问那三个园丁为什么要给玫瑰涂色时，其中一个回答："哦，小姐，你知道，实际上这里应该种红玫瑰的，我们弄错了，种了白玫瑰。如果王后发现，我们全都得被杀头。"他

路易莎·斯图尔特·科斯特洛，《波斯玫瑰花园》，1887年，维多利亚时期诸多对东方着迷的作家的作品之一

们尽最大的努力避免被杀头的命运，这一幕始终是会让孩子们在那塑造出来的恐惧和期待中尖叫的一个情景。

贯穿 19 世纪的一个反复出现的浪漫主义主题是经久不衰的波斯故事《夜莺与玫瑰》。

由于几位到过波斯的欧洲旅行者撰写了游记，这个故事的影响力被进一步加强了。画家罗伯特·克·波特这样描述他访问波斯王宫花园的情形：

不仅仅是视觉和味觉为玫瑰而陶醉，耳朵也为无数夜莺那

蹄斋北马（1771—1844 年），《玫瑰、竹子和夜莺》，捕捉古代寓言的微妙之处

野性而动听的曲调深深迷住，伴随着它们最喜爱的花朵的绽放，

夜莺的啼鸣声似乎变得更加悦耳温柔。对于一个陌生人而言，这

更加强烈地提醒他：这里是真正的夜莺与玫瑰之乡。

拜伦勋爵的东方故事《阿比多斯的新娘》（1813年）反转了传统的角色，用玫瑰代表男性，用夜莺代表女性。奥斯卡·王尔德在他的短篇小说集《快乐王子和其他故事》（1888年）里将古老的波斯寓言故事带给了19世纪的读者。王尔德的《夜莺与玫瑰》将故事重新安置在了牛津，在那里，一个年轻的学生爱慕教授的女儿。相似的情节是，因找不到红玫瑰，夜莺刺穿了心脏，将白玫瑰染成红色，而学生最终被爱人拒绝，在王尔德看来，这是暗示着维多利亚时期社会道德的伪善。只有鸟儿才懂得欣赏纯真的爱情并愿意为之付出生命。在他的话剧《认真的重要》（1895年）中，当赛西莉送给阿尔杰农一朵佩戴在扣眼上的花时，王尔德将这个特殊的玫瑰品种命名为"玛蕾查尔·尼尔"。这其实就是一款在当时极为流行的于1864年诞生的黄色诺伊塞特藤蔓月季，尽管它的欣赏者、园丁对它的名字都耳熟能详，然而阿尔杰农却拒绝了这朵花，他要求获得一朵粉色的月季。他说："因为你像极了一朵粉色的月季花，赛西莉。"他为这种冒失而深受指责。

也许是叶芝将玫瑰从浪漫的象征转变为神秘的象征。叶芝对玫瑰十字会是如此着迷，1888年，他在伦敦加入了这个会社。他并不是唯一将文学与玫瑰十字会联系起来的人。学者们仍在为歌德的《神灵的问候》的含义争论不休，但是他的诗句"是谁把玫瑰嫁给了十字架？"毫无疑问指的就是玫瑰十字会。叶芝深信玫瑰是"西方的生命之花……而且象征着爱尔兰"。当他爱上莫德·冈恩时，她的无法企及和对玫瑰十字会的信仰促使叶芝将玫瑰作为他诗歌作品的中心主题。与他先前的诸多诗一样，玫瑰既象征着他对莫德遥不可及的尘世爱情，又象征着更高的神秘世界的超自然力，以

及他深深热爱着的爱尔兰。

第一次世界大战吹散了所有中世纪典雅爱情挥之不去的余音。玫瑰的世界也发生了变化。战乱之中，随着杂交茶香月季及后来的丰花月季的出现，浪漫的老种玫瑰几乎全都从花园里消失了。许多园丁们还没有意识到作家和诗人们的创作只能依赖于一个已消失的意象，在弗吉尼亚·伍尔芙于1925年出版的小说《达洛维夫人》中，花朵，尤其是玫瑰是达洛维夫人的人物性格的核心。她丈夫带给她的是"玫瑰——红玫瑰和白玫瑰"，并穿过伦敦来到她身边，只为告诉她说他爱她。当他们见面时，他欲言又止，但玫瑰替他说出了无言的告白。

从D.H.劳伦斯到詹姆斯·乔伊斯，玫瑰从未远去。T.S.艾略特在《四个四重奏》（1936年）之"焚毁的诺顿"中描绘出了秘密花园的意象。

这是首关于一座被焚毁的房子的诗，在1934年，艾略特曾参观过这座房子，诗中回荡着一些熟悉的主题，例如"安乐之所"，或者"理想的，令人愉悦的地方"。这首诗有很多种解读，但最先进入脑海的总是一个熟悉的画面，让人想到"我们从未打开的门，由此进入玫瑰园"，感觉又回到《玫瑰传奇》及它所描写的封闭式花园。

鉴于这是一个弗洛伊德和荣格的思想非常普及的年代，许多20世纪关于玫瑰的文学都不可避免地会有更深层次的心理解读，比如伊丽莎白·鲍恩在他的文集《看这些玫瑰》中写的疾病缠身的玫瑰。然而，有的时候玫瑰走进一个故事里不再是因为复杂的原因，而只是因为作者喜欢它。意大利小说家安伯托·艾柯说过，他给他最畅销的小说选择了《玫瑰之名》这个书名，仅仅是因为它很中立。

有时候作者对自己的玫瑰是非常了解的。在阿莉·史密斯的短篇小说《旁观者》（2016年）里，讲述者发现她自己的胸口长出一株玫瑰（你一定要读过这个故事才能理解其中的含义）。尽管这很奇怪，但当这玫瑰开花时，她很高兴地认出它是大卫·奥斯汀的英国玫瑰"年轻的利西达斯"（2008年），大卫·奥斯汀的手册上将之描写为"美丽的、紫红色的、经典的老种玫瑰之美"。史密斯的故事原型来源于一首苏格兰民谣《芭芭拉艾伦》，当这对恋人离世后，一株红玫瑰栽种在他的墓地，一株野蔷薇栽种在她的墓地，并且两株玫瑰交错而生，形成了完美的恋人结。再一次，玫瑰成为了爱情的永久象征。

这里是本章开头的一个故事的后记：爱德华·菲茨杰拉德的墓地所在处萨福克郡的布尔格村距离我家不远，我忍不住前去朝圣，亲自看看载有奥马尔·海耶姆荣誉的那株玫瑰所在地。我花了很长时间才找到那里，因为教堂位于村庄以外的一处私人房产，沿着一条路面尚未修整好的路才能到达。这个乡村小教堂里的墓地由萨福克野生动物信托基金来管理，所以草和野花

萨福克郡布尔格的爱德华·菲茨杰拉德的墓前所栽种玫瑰的纪念圃，为了纪念奥马尔·海耶姆

可以任其长到齐腰那么高，以至于把许多墓碑都藏了起来。最终，在一个树荫遮蔽的角落里，我看到了一个铁丝笼，我知道里面被围起来的就是那株玫瑰。上面挂了一块纪念匾，当我走近些时，我可以看到里面有树枝状的物体。我没有抱太大希望能看到盛开的花——这不是一个适合玫瑰生长的地方，它被树木覆盖，更不要说这株玫瑰是 120 年前栽种下的。我再走近些，发现了一抹色彩。这会是那株从海耶姆墓地带回来，然后在邱园栽培的玫瑰吗？我按捺不住兴奋想要看一看这株馨香玫瑰的那淡粉色的花瓣。

让我大失所望的是，那个单瓣玫瑰竟然是黄色的。我不知道它是怎样来到这里的——也许是一个芽变又或者是善意的当地人发现原来那株玫瑰已经死掉，于是又重新栽种了一株。但它怎么能是黄色的？也许他们应该听从克里斯蒂娜·罗塞蒂的劝告：

> 当我死了，亲爱的，
>
> 不要为我唱哀伤的歌曲。
>
> 别在我的坟上栽种玫瑰，
>
> 也不要栽种成荫的柏树。
>
> 只要盖着我的青青的草，
>
> 能畅饮着雨水和露珠儿。
>
> 如果你愿意，你就想起我；
>
> 如果你愿意，你就忘记我。

第 九 章

乐声中的

玫 瑰

《我从未承诺过送你一个玫瑰园》《夏日的最后一朵玫瑰》《玫瑰是红色的，亲爱的》《月光与玫瑰》《直到每一滴泪水化为玫瑰》《两打玫瑰》《在西班牙哈莱姆有一位姑娘》……要是想看看你能说出多少首跟玫瑰有关的歌曲，这听起来像是一个没完没了的派对游戏（在20世纪50年代早期，大约有4000首），但是这个传统至少可以追溯到民谣歌手时期。在1486年亨利七世的儿子亚瑟出生时，即受到吟游诗人的祝福："我们欣喜祝愿，我们的王子会看到，有三朵玫瑰。"这里说的三朵玫瑰，当然，指的是兰开斯特的红玫瑰、约克的白玫瑰，以及新统一的都铎玫瑰。融合了红、白两种颜色的都铎玫瑰代表了亚瑟未能继承而是1502年他夭折后由他的弟弟亨利继承的都铎王朝。有个不真实的传说，说是亨利八世曾为安妮·博林写过一首都铎民谣《绿袖子》，无论传说真实与否，他对音乐的喜爱都是毋庸置疑的。大约在1515年，奇切斯特的主教理查德·桑普森谱写了一首永恒的经典曲目，今天我们更为熟悉的是一个圆形乐谱，有两个低音和两个假声男高音，以庆祝约克和兰开斯特的结合。这个乐谱脚本极具想象力地写成了圆形，手稿上有一枝中心有花蕾的单瓣红玫瑰。

玫瑰与爱情和浪漫有着永恒的联系，这也一直是歌词中最受欢迎的主题。例如，托马斯·摩尔的《夏日的最后一朵玫瑰》已成为歌曲中的不朽之作。（上一章我们已经"听"过彭斯的《一朵红红的玫瑰》以及丁尼生的《莫德》。）《你用秋波向我敬酒》中提及玫瑰花环，是以本·琼斯的诗《致西丽娅》（1616年）为基础作词的。其中很少人唱的第二段讲述的是，只要花环被送回，从此闻到的就不再是玫瑰，而是他的爱人。

玫瑰也是19世纪浪漫主义古典音乐歌词的一个重要组成部分。在1815年，弗朗茨·舒伯特得到了一首歌德的诗，这首诗讲述的是一个男孩对一朵带刺的玫瑰的单恋，他基于此诗创作出了他最著名的歌曲之一《野玫瑰》。文森佐·贝利尼从《去吧，幸运玫瑰》（1829年）开启了那不勒

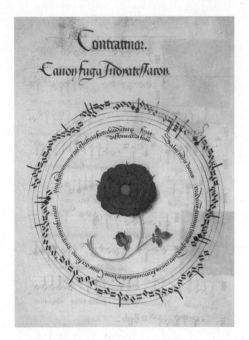

为纪念亨利八世而作的经典活页乐谱,摘自《赞歌》,约1516年

斯传统的、多愁善感的与玫瑰有关的情歌系列。小约翰·施特劳斯的最流行的曲目是华尔兹舞曲之一《南国玫瑰圆舞曲》(1880年),不但能在1982年的影片《苏菲的选择》中听到它,而且能在电视连续剧《星际迷航》以及一款游戏中听到。4年之后,加布里埃尔·福雷为朋友勒贡特·德·李勒的诗配曲《伊斯帕罕玫瑰》(1884年)。伊斯帕罕曾是波斯最早栽种玫瑰的城市之一。而这首诗,灵感来自于希腊的阿那克里翁的颂歌《玫瑰》。波斯主题再次被亚瑟·沙利文爵士的轻歌剧《波斯玫瑰》(1899年)提起,这部歌剧由巴瑟·胡德填词,而并不是沙利文爵士通常的合作伙伴 W.S. 吉

《斯坦布尔的玫瑰》活页乐谱的封面，利奥·福尔
和西格蒙德·隆伯格的轻歌剧

尔伯特。这部歌剧获得了暂时的成功并传入美国。

　　20世纪初，叮砰巷音乐诞生。其中很多歌曲都有提及玫瑰，尽管其中一首《得克萨斯的黄玫瑰》描写的不是玫瑰而是艾米丽·韦斯特——一个卷入美国内战的年轻混血女孩。几十年来，随着种族主义字眼的逐渐淡化，它依然是最受欢迎的牛仔歌曲之一。

　　当电影代替了音乐剧，这些旋律的大部分早已被人们忘记，但少数几个音乐人势头依旧强劲。由弗雷德·韦瑟利作词、海顿·伍德作曲的《皮卡迪玫瑰》（1916年）成为第一次世界大战的情感颂歌。这首歌后来由在影片《流浪国王》（1925 年）里演唱动人心弦的《只有一枝玫瑰》的马里奥·兰扎翻唱。每一代人都会有他们最喜欢的歌而且有好多是重名的歌曲，这让人更加困惑。1948 年佩里·科莫曾发行过一首歌，名为《蔓生的蔷薇》。然而，对很多人来说真正留在记忆里的却是纳特·金·科尔于 1962 年发行的、由舍曼兄弟作词作曲的《蔓生的蔷薇》。

在 20 世纪 80 年代以后，多愁善感的风格不再流行，你可能会在重金属摇滚乐队或独立小乐队的名字中找到玫瑰字样，就像在歌曲里一样——首先想到的是枪炮玫瑰乐队和石玫瑰乐队。

舒伯特的《野玫瑰》（又名《荒野上的玫瑰》或者《田野上的小玫瑰》），1815 年，灵感来自歌德的诗

亚瑟·沙利文并不是唯一一个在歌剧中喜欢提到花卉的人，1916年，利奥·福尔与西格蒙德·隆伯格合著的《斯坦布尔的玫瑰》以及爱德华·德尔曼的《可爱的英格兰》（1902年）均包含有将伊丽莎白一世喻为"英格兰玫瑰"的内容。但是这两部歌剧都没能达到理查德·斯特劳斯的喜剧歌剧《玫瑰骑士》（1911年）的流行程度，剧中的故事发生在18世纪40年代的维也纳。4个主要人物是玛莎琳（陆军元帅之妻）、奥克斯男爵（她乡下的表亲）、苏菲·冯·法妮纳尔（一位富商的女儿）和年轻的奥克塔维安·罗夫拉诺伯爵（玛莎琳的情人）。

在理查德·斯特劳斯的歌剧《玫瑰骑士》中，奥克塔维安向苏菲·冯·法妮纳尔献上玫瑰，1911年初次上演

伯爵是一个反串的角色，由一个女中音歌唱家扮演。就像莫扎特的《费加罗的婚礼》中的基鲁比诺一样，方便他（她）在被男爵抓住时进行性别转换，也引发了类似的混乱。但是没有人对送玫瑰的人的角色感到困惑。年轻的伯爵被选出代表她的未婚夫——一个年长而粗俗的男爵，向年轻的苏菲献上银质的订婚玫瑰。

传统上是要穿着白色的礼服，奥克塔维安向苏菲献上了银色的玫瑰花，在一个感人的二重唱中，他们立刻坠入了爱河。接下来，经过一系列的错误身份、警察追捕和骗局后最终迎来了幸福的大结局。男爵不是被一头熊追逐而是在收债人的追逐下退场，而玛莎琳也明白，由于年龄的差距，她与奥克塔维安的关系注定没有未来，于是放手成全了他与苏菲的爱情。

《玫瑰骑士》把玫瑰视为传统的，几乎无瑕的爱的象征，在它首演后的 4 个月，芭蕾舞剧《玫瑰花魂》及芭蕾男神瓦斯拉夫·尼金斯基则为玫瑰增添了性感的意味，这是自罗马时代以来从未见过的。根据泰奥菲尔·戈蒂耶的诗，由卡尔·马利亚·冯·韦伯作曲，并由米歇尔·福金编舞的《玫瑰花魂》只有 8 分钟的长度。1911 年 4 月在蒙特卡洛剧院是由尼金斯基与塔玛拉·卡莎维娜首演，在当年夏天又转到巴黎的夏特莱剧院演出。观众蜂拥而至却不是来看卡莎维娜的，尽管她非常优雅和美丽。他们是来看尼金斯基跳过打开的窗户的，"不要漫天覆地的玫瑰，不要一朵玫瑰，而是要玫瑰的精髓"。这个故事讲述的是一个少女从她人生中的第一次舞会回来时，穿着白色的裙子，手里拿着追求者送给她的玫瑰花。当她坠入梦乡时，玫瑰花魂，也就是她的玫瑰精灵出现了，把她的梦展现出来。尼金斯基的跳跃令观众屏住气息，后来有观众写道："尼金斯基的存在反驳了牛顿，他惊吓了鬼魂，他毫不费力地证明了重力并不存在。"他最后一跃穿过舞台、跳出窗外的动作已成为芭蕾舞历史的一部分（请勿在家中模仿）。

也正是利昂·巴克斯特为尼金斯基设计的服装让这部芭蕾舞剧如此令

人难忘。卡莎维娜的长裙是传统而朴素的，但是尼金斯基的塑身真丝服装却不尽相同，他只能在每次演出时缝上它，部分身体是裸露的，只有这样才能按照巴克斯特的指示在二头肌周围缠上玫瑰花瓣带，再戴上一顶贴身的玫瑰花瓣帽子来完成整套服装。巴克斯特用真丝面料裁剪出玫瑰花瓣，染成精美的粉色、紫色、红色和薰衣草色。有一些是"褴褛的，好像是即将凋谢的花朵，另一些是坚挺牢固的，还有一些甚至从他的大腿上卷曲出来"。他的妆容也是以玫瑰为主题的："他的脸好像天上的昆虫，他的眉毛像是美丽的甲虫，那是人们在最接近玫瑰心脏处可以发现的甲虫，他的嘴好似玫瑰花瓣。"

　　女人们为尼金斯基的激情表演而疯狂，而不仅仅是为了他令人惊叹的弹跳。他困惑不解的服装师很快就明白了为什

尼金斯基在福金的芭蕾舞短剧《玫瑰花魂》（1911 年）中穿着由利昂·巴克斯特设计的暴露而性感的服装

《仙女》（1832年）中传统的用玫瑰花装饰的玛丽·塔格利奥尼

么每晚演出后他服装上的玫瑰花瓣都会消失，而不得不再加上新的花瓣。那是因为，他的一个助理——瓦西里·祖伊科夫把它们扯下来卖给尼金斯基的巴黎仰慕者，并且据说他很快就赚足了钱建了栋房子，他的同事们把它称作"玫瑰花魂城堡"。

尼金斯基在《玫瑰花魂》中的表演第一次把男舞者推向舞台的中央。在此之前，观众们更习惯于观看类似《仙女》（1832年）这样的芭蕾舞剧，舞台上漂浮着一群穿着纱裙、饰有玫瑰花的女芭蕾舞演员。著名的意大利（瑞典）芭蕾舞演员玛丽·塔格利奥尼（1804—1884年）应该是最先运用脚尖跳舞的女舞者。从此以后，几乎没有芭蕾舞不用脚尖跳一小段的。柴

柴可夫斯基的芭蕾舞剧《睡美人》，1955年，玛戈特·芳婷饰演欧罗拉，与迈克尔·索姆斯合作

可夫斯基1890年的《睡美人》中的"玫瑰柔板乐章"成为了19世纪末古典芭蕾女舞者动作表演的鼎盛作品。玛戈特·芳婷饰演的欧罗拉独树一帜。她与4个持玫瑰的追求者共舞，他们作为配角演得很出色。当她慢慢地旋转，直到保持平衡立在一个点上，在把她的手交给下一个追求者之前，观众都屏住呼吸，好像有几年那么久。从每个追求者献给她玫瑰作为爱情信物到王子竭力要用野玫瑰将她从睡梦中唤醒，毫无疑问的是，玫瑰在这个最浪漫的童话故事里具有象征性的地位。

　　紧跟着这上千个与音乐相关的典故之后的，是一个令人心情沉痛的、相对近期的与玫瑰的联系。

　　1997 年 9 月 6 日，据估计全世界约有 20 亿人收看了在威斯敏斯特大教堂进行的戴安娜王妃的葬礼，埃尔顿·约翰演唱了他最著名的歌曲之一《风中之烛》，这是由贝尔尼·陶宾重新填词以纪念戴安娜的。教堂会众和亿万观众与"人民的王妃"，现在又被称为"英伦玫瑰"的她道别。

娇嫩的重瓣黄木香，伦敦皇家艺术学院里夫斯收藏馆馆藏的中国画家（未署名）的作品

第 十 章

艺 术 与

装饰中的

玫　瑰

　　我一直都很羡慕画家有将花朵跃然纸上的能力。人类描绘植物的欲望历史悠久，就像他们栽种植物的欲望一样。克里特出土的大约公元前 1600 年的花瓶上就装饰着玫瑰图案。最早的草本植物志是迪奥斯克里德斯（约 40—90 年）的《药物论》，被后世的植物学家们传抄了几个世纪，里面精美的木刻植物画包含有一枝玫瑰。然而，自从 476 年西罗马帝国覆灭以后，几个世纪以来，欧洲艺术中竟鲜少发现玫瑰。

　　在世界的另一边，公元前 1500 年左右，中国商朝的写实绘画中即有玫瑰的形象存在。其他早期的玫瑰形象包括 10 世纪黄筌所画的宫粉月季，而且在大约 1000 年的赵昌的画非常有可能描绘的是重瓣玫瑰。从 9 世纪初期到 12 世纪中期，诸多中国画家笔下的花鸟故事的意象提供了极其宝贵的玫瑰图像。玫瑰也成为波斯和奥斯曼时期视觉文化的重要部分，也存在于许多伊斯兰装饰艺术例如瓷砖和地毯中，但是很显然并没有明确的宗教意义。在伊斯兰世界里，"玫瑰"一词也用来描述常在清真寺圆顶上发现的精致的圆形马赛克。

　　在西方，中世纪早期，艺术逐渐复苏，花朵具有强烈的宗教象征意义。没有其他花朵，哪怕是百合与鸢尾也未能像玫瑰那样如此经常出现在中世纪欧洲的绘画、建筑、石雕中，尤其是在教堂的圆花窗上。当 12 世纪玫瑰形圆花窗初次出现时，玫瑰已经与圣母玛利亚联系在一起。虽然在西班牙、德国、意大利和英国建有很多圆花窗，但数量最多的是在法国，且大多是在巴黎及其周围，代表性作品包括有沙特尔大教堂（1216—1226 年）、巴黎圣母院（约 1220 年）、兰斯大教堂（约 1270 年），这些都可以追溯到后来被称为哥特式建筑风格的大爆炸时期。

　　当第一眼看到圆花窗时，"花瓣"内运用的引人注目的色彩或彩色玻璃使自然光线从外面倾泻而入，这会令当时的礼拜者眼花缭乱。1144 年，当阿伯特·苏歇——它的赞助者第一次走进刚刚完工的具有开拓性的哥特

14世纪建成的亚眠大教堂的玫瑰花窗，让礼拜者眼花缭乱的设计

式修道院教堂圣丹尼斯时，他感觉自己进入了"宇宙中一个奇特的地方，一个无论是在浑浊的地球还是纯净的天堂里都完全不存在的地方"。但是最终，随着文艺复兴的到来，玫瑰花窗消失了，与其他的哥特式风格一样，它"萌芽于12世纪，繁荣于13世纪，消逝于14和15世纪的火焰中"。

与之相反的是，到15世纪时，玫瑰频繁出现在圣母玛利亚的画像中。人们可以从画中找到当时种植了哪些品种及怎样种植玫瑰的线索。斯特凡诺·达·泽维奥的《玫瑰园中的圣母玛利亚》（约1435年）中攀爬在格

春天女神左手臂中环抱着的玫瑰花，桑德罗·波提切利，《春》，1481—1482 年

子架上的玫瑰被鉴定为白色和粉色的重瓣白蔷薇。

　　它们沉浸在象征主义中，例如，玫瑰的方格架代表着封闭的花园，另一个提示来自《雅歌》（第四章，第十二节）："封闭的花园是我的姐妹，我的伴侣。"然而现代的观众偶尔会发现它们是深红色的单瓣法国蔷薇（虽然那时这品种很少见），受过教育的同一时代的观众可以解密不同颜色的玫瑰与基督的鲜血的关系。白蔷薇与纯洁和童贞相关，反复出现于诸如贝纳迪诺·路易尼《玫瑰园中的圣母玛利亚》（1510 年）之类的绘画作品中，而且甚至出现在保罗·乌切罗的《圣罗马诺的溃败》（1438—1440年）这种不太可能的战争场景中。

这个时期最著名的玫瑰画作当数波提切利的《维纳斯的诞生》（1483—1485年）。从水面缓缓升起，（维纳斯）女神在白蔷薇的嫩枝和叶子环绕中（可能是"少女羞红"）出现了。偶尔也会有法国蔷薇出现，比如在波提切利的《春》（1481—1482年）中紧扣着花神的那枝写实的玫瑰。丢勒的《玫瑰花环节的源起》是1506年绘成的祭坛画，可能是为了庆祝同年在威尼斯成立的念珠祝福协会得到承认，那些胖乎乎的小天使手持淡粉色的玫瑰花环。

对于幸运的少数人来说，每次打开一本祈祷书时，彩绘的手稿中都会有玫瑰出现。在《伊莎贝拉祈祷书》（1490—1497年）——一部关于卡斯蒂利亚的伊莎贝拉女王一世的诗篇中有一幅画像是一个穿着白色衣服的妇人在花园里祈祷，她的身旁环绕着红玫瑰。文字和图片边缘饰以精致的白色玫瑰，有的是花蕾，有的在盛开，蝴蝶和毛毛虫正在玫瑰的茎上爬着。同样，一本《时间之书》（1500—1515年）在它的开篇页上也有蜜蜂和蝴蝶。许多都铎王朝的贵族，尤其是妇女都拥有这样宝贵的书籍，并且里面展现给她们的玫瑰图片都是当时最流行的图案。

到了16世纪中期，宗教和植物学花卉绘画之间出现了分支，那就是为了证明植物的药用价值而绘制。这些主要是木版画，可以比手工绘制更便宜更可靠地复制再版。其中最知名的一部是1543年莱昂哈德·富克斯所著的《新草药学》。虽然文字部分是根据1世纪迪奥斯克里德斯的著作复制了很多内容，但富克斯的插图却为后世的植物学著作诸如1597年杰拉德的《植物志》设定了标准。而反过来，木刻作品则因蚀刻和金属雕刻技术的进步而黯然失色。

鉴于红白色都铎玫瑰的象征意义，亨利八世（1491—1547年）和他的

尼古拉斯·希利亚德，《玫瑰花丛中的青年男子》，约 1585—1595 年，细密画

杨·戴维茨·德·希姆，《静物画·玻璃瓶里的花》，约 1655 年

女儿伊丽莎白一世的大多数画像中都有玫瑰，或是拿在手上，或是更多时候作为他们衣服刺绣的一部分。伊丽莎白一世喜爱精致的服装，据记载，1578 年她穿了"一件金色的绣着玫瑰和金银花的衣服"。对伊丽莎白一世来说，玫瑰不仅仅是皇室的徽章，尤其是多花蔷薇代表的是"童贞的荣誉"，而伊丽莎白一世自己当然是"童贞女王"。

在尼古拉斯·希利亚德与罗兰·洛克在德比郡的哈德威克宫给女王画的肖像画（约 1599 年）中，她被玫瑰花状的珠宝环绕着，旁边的椅子上绣着玫瑰，她的褶皱领上也别了一朵玫瑰鲜花，在她的底裙和紧身衣上绣着玫瑰和其他花卉以及动物的图案。技艺高超的刺绣工比如她的朋友哈德威克的贝丝，甚至会利用前两年出版的杰拉德的《植物志》作为刺绣图案的来源。

也许这个时期最令人印象深刻的肖像是希利亚德神秘的细密画《玫瑰花丛中的青年男子》（约 1585—1595 年），画中的年轻人几乎被一株多刺的开白色小花的玫瑰所完全包围。是不是会像一些玫瑰学家所说的那样，包围年轻人的是旋花蔷薇？又或者，尽管它是白色的，但因为它的象征意义，正如许多艺术史学家认为的那样是多花蔷薇？考虑到伊丽莎白女王酷爱多花蔷薇，如果是后者的话，可以对这幅精美的细密画做出更多解读，并将这幅画转化为为皇室献身甚至是爱情的信息。

油画中花卉的分界线是根据宗教和国家划定的。到 1600 年新教荷兰已成为一个经济强国，商人阶层渴望展示自己的财富，虽然玫瑰从未与 17 世纪 30 年代的"郁金香狂热者"有相同的地位，但是玫瑰在荷兰人的绘画中特色鲜明，表现突出。自老扬·勃鲁盖尔（1568—1625 年）开始，荷兰和弗拉芒地区的画家们以他们绘画的写实性震惊了世界。特别是扬·梵·海以森（1682—1749 年）的花卉看起来"如此真实，感觉仿佛你可以把它从画布上摘下来"。

艺术史学家们已经证实，这些巨大的溢满画面的花束是想象出来的，是在仔细研究了每一朵花盛开的样子后画下它作为参考创造出来的，为了保证速度和准确性，很可能是以水彩画成的。遗憾的是，这些水彩画通常被遗弃，传世的很少。也有很多静物画刻画的是缺憾和生命的脆弱——凋谢的玫瑰花瓣、昆虫咬噬出的破洞以及虫子本身。尤其是杨·戴维茨·德·希姆（1606—1648 年）这个可怕流派的大师。

荷兰和弗拉芒地区的艺术家们经常拜访伦敦，可以看出他们的作品一定也影响了英国植物学家、画家亚历山大·马歇尔，他在 17 世纪晚期的《花谱》中所绘的凋落的奥地利铜蔷薇（双色异味蔷薇）花瓣展现了玫瑰的脆弱。

这些花卉绘画中大多都有精致的细节，而且人们也经常试图辨识画中是哪种玫瑰。格拉汉·斯图尔特·托马斯得出结论，在梵·海以森和其他画家的画中常见到的白色大朵的玫瑰一定是白蔷薇"马克西玛"。托马斯已证明百叶蔷薇，或称包心蔷薇与大马士革蔷薇和红色法国蔷薇是后来的低地国家的花卉画家们最喜欢画的品种。奥地利铜蔷薇是很受丹尼尔·西格斯（1590—1661 年）喜欢的品种，西格斯因他的花环画而闻名，这在阿姆斯特丹国家博物馆中的一幅雷切尔·勒伊斯（1664—1750 年）的作品中也有。西格斯只画花卉很少见，而勒伊斯作为一个女性画家能有如此漫长而成功的事业生涯更是难能可贵，她嫁给了肖像画家尤瑞安·普尔并共同养育了 10 个孩子。

到了 18 世纪，玫瑰已经失去了纹章学的象征意义，画家们也基本从宗教主题上转移开来，这时的玫瑰最经常作为女性气质的象征，有时甚至是性感的象征出现。让－霍诺尔·弗拉戈纳尔（1732—1806 年）是路易十五的情妇，杜巴里夫人画了一系列玫瑰色的画，而弗朗戈斯·布彻（1703—1770 年）经常把玫瑰放在画里来取悦他的赞助人——路易十五的首席情妇蓬巴杜夫人。

1730 年，第一份图解植物清单《植物目录》由 6 年前在伦敦成立的英国园艺协会出版。这本画册上有扬·梵·海以森的弟弟雅各布制作的木版画，雅各布于 1721 年定居英国。他的绘画风格与他哥哥的相似，但是他的生活方式却更为放纵——也许这是他离开荷兰的原因。尽管如此，他还是绘

亚历山大·马歇尔，《德尔夫瓶里的花》，1663 年

出了几种当时流行的玫瑰品种的精确而迷人的插图，其中包括当时的奥地利玫瑰（蔓生法国蔷薇）、红色普罗旺斯玫瑰（白蔷薇）以及重瓣黄蔷薇（硫黄蔷薇）。

在这之后不久，另一位年轻的天才植物学家乔治·狄奥尼休·埃赫雷特（1708—1770年）从海德堡来到伦敦。他的最著名的作品都是有关英国的植物"猎人"带回来的最新充满"异国风情"的植物，例如约瑟夫·班克斯，特别是波特兰公爵夫人玛格丽特·卡文迪什·本丁克（1715—1785年）这

大马士革蔷薇（约克和兰开斯特玫瑰），摘自玛丽·劳伦斯的《自然玫瑰集》，珍贵的玫瑰书之一

样的收藏家，据说"波特兰玫瑰"就是以她的名字命名的。埃赫雷特为玫瑰插图设定了一个新的标准，只有皮埃尔–约瑟夫·雷杜德超越了这个标准。

雷杜德出生于比利时的阿登，成为1780年被任命在巴黎植物园工作的弗莱斯教授杰拉德·范·斯潘登克的学生，范·斯潘登克与雷杜德都深受扬·梵·海以森风格的影响，他们绘制华丽的花卉并一丝不苟地展示植物学细节。雷杜德最著名的作品是1817至1824年间出版的3卷《玫瑰图谱》。正如我们之前提到过的，他很明智地选择了与他的前赞助人约瑟芬皇后保持距离，尽管他的确提到了他为小蘗叶蔷薇绘制的插图是"几年前画的，一种栽种在梅尔梅森城堡花园里的生长得非常旺盛的植物"。他所画的玫瑰来自许多不同的花园，目的就是要囊括法国当时所有的玫瑰品种。

除了这些画作，雷杜德还增加了一个丰富的索引，列明了前人所著的作品，包括英国画家玛丽·劳伦斯的《自然玫瑰集》（1796—1799年），这本书至今仍是世界上最罕见的玫瑰书籍，以及亨利·查尔斯·安德鲁斯的《玫瑰或蔷薇属专著》（1805年）。安德鲁斯与约翰·肯尼迪的女儿，即约瑟芬皇后的前英国供应商结了婚，所以他有足够的机会来获得植物素材。

尽管雷杜德直到他1840年去世之前一直拥有成功的事业，但是他后来的作品没有一部能超越《玫瑰图谱》，你可以在本书中找到他的插画。

18世纪也是丝绸织造的顶峰时期。斯皮塔佛德的丝绸设计师安娜·玛丽·加思韦特（1688—1753年）为时尚的宫廷礼服制造了华丽而逼真的面料，包括为后来与乔治·华盛顿结婚成为第一夫人的玛莎·丹德里奇提供礼服面料。男士背心也精心地绣上了花卉图案。与此同时，在意大利，玫瑰面纱（源自阿拉伯语的"弥撒"或"面纱"）是由贵族妇女穿戴的著名的印度风格的印花布披肩，以玫瑰树为装饰图案的主题和花边。

玫瑰也是很受欢迎的刺绣主题。这个领域里最熟练的业余爱好者之一是玛丽·德拉尼。她以精美的纸花拼贴画而闻名，作品现收藏于大英博物馆，她也是一位才华横溢的女针织匠。1759 年，她在写给姐姐的信中描述了她是如何用雪尼尔线刺绣椅套的："我的图案是一个由橡树枝和各种各样的玫瑰（黄色除外）组成的花坛，绣的时候没有参考图，只是依照脑海中想到的样子。"德拉尼能够在没有参考图的情况下工作很不寻常，大部分的女性都要利用参考图来提高她们的刺绣和绘画技巧。在 18 和 19 世纪，

亨利·方丹·拉图尔，《芙蓉玫瑰》，1864 年

植物绘画被认为是一项重要的女性才艺，年轻的女孩们都非常熟悉由一些技艺高超的植物画家所著的"入门"书籍，例如詹姆斯·索尔比的《大自然花卉画法入门》（1789 年）。

当优雅的年轻女士正在从索尔比的书中学习如何画玫瑰时，一个新的画家群体以更浪漫、更轻松的绘画风格而闻名。亨利·方丹·拉图尔（1836—

悬挂在威斯敏斯特宫内的亨利·佩恩的壁画《在圣殿花园采摘红玫瑰和白玫瑰》，1910 年，表现了莎士比亚笔下的玫瑰战争

1904 年）因他对甜美的茶香玫瑰的描绘而最为知名。他说："它色彩闪烁，好似光线穿透花瓣。"在他去世多年以后，人们用一款杯形粉色玫瑰"方丹·拉图尔"来纪念他。这是一株 20 世纪 30 年代由爱德华·邦亚德偶然发现的幼苗，并于 1945 年由希林斯的格拉汉·斯图尔特·托马斯育种园引进，它有着百叶蔷薇的样子，但是却被划分到现代灌木玫瑰组。

在英国，维多利亚时代的花卉绘画经历了从花哨到戏剧性风格的变化，例如亨利·A.佩恩为议会大厦东走廊绘制的壁画《在圣殿花园采摘红玫瑰和白玫瑰》（1910 年）。同样地，劳伦斯·阿尔玛·塔德玛爵士在《赫利奥加巴勒斯的玫瑰》（1888 年）中用成千上万的玫瑰花瓣，以及在《夏日赐予》（1911 年）中用粉色和白色的玫瑰花束来挥洒他的主题。他所展现的罗马日常生活的场景给他带来了"激发好莱坞灵感的画家"的称誉。

对我来说，这是在 2017 年伦敦的一个展会上得到证实的，展会将他的作品与电影剧照进行了对比，包括塞西尔·B.戴米尔的《十诫》（1956 年）和雷德利·斯科特的《角斗士》（2000 年）。但是早在 1911 年，阿尔玛·塔德玛去世的前一年，法国的电影制作人路易·费雅德就说过他的短篇电影《罗马的放荡》（1911 年）灵感来自于《赫利奥加巴勒斯的玫瑰》，悬挂在威斯敏斯特宫内的亨利·佩恩的壁画《在圣殿花园采摘红玫瑰和白玫瑰》（1910 年），

表现了莎士比亚笔下的玫瑰战争。

尽管在那个黑白电影的时代没有以粉色作为主色调。玫瑰不止出现在阿尔玛·塔德玛的第三幅古典绘画中。我很幸运能够在它回到它永久的家——墨西哥的佩雷斯·西蒙基金会之前在伦敦观赏了阿尔玛·塔德玛的《赫利奥加巴勒斯的玫瑰》。劳伦斯爵士创作这幅画的时候，让人每周从法国

从法国南部定期送达的一篮篮玫瑰花瓣有助于阿尔玛·塔德玛·劳伦斯爵士创作《赫利奥加巴勒斯的玫瑰》，1888 年

南部运来一篮篮的玫瑰，持续达 4 个月之久，以保证他总能捕捉到新鲜的玫瑰。这一点不仅体现在每一朵玫瑰花瓣的精准上，还体现在有茎的花蕾和整朵玫瑰上，只可惜在这幅画的数量巨大的花瓣中很难辨识出来。

阿尔玛·塔德玛是百老汇艺术家团的成员，他曾在另一位成员的家中与阿尔弗雷德·帕森斯（1847—1920 年）相识。帕森斯也画玫瑰，但是是以一种与被人称为劳伦斯爵士的"超级甜点"风格大不相同的风格来画的。作为19世纪末著名的水彩画家，帕森斯被介绍给富有的女植物园主艾伦·威

乔治亚·奥基夫，《玫瑰》，1957 年

尔默特。在众多的园艺附加协议中，她委托他为她的书《蔷薇属》画插图，这本书是为了涵盖所有已知的玫瑰原种，不包括杂交种和栽培种。每一个阶段都有争论，尽管到 1901 年帕森斯已经完成了 40 幅，这本著作直到 1914 年才出版，对于一个如此昂贵的出版物来说这不是一个好的时机。虽然它现在是备受追捧的收藏品，但当时直到 1920 年的时候才售出不到总数 1000 本的四分之一。尽管威尔默特在 30 岁的时候继承了一笔财富，但她对出版和园艺的热情（她在埃塞克斯州沃利广场的家中雇了 104 名园丁）

"苔藓玫瑰"，韦奇伍德最受欢迎的古典设计之一，1945 年

最终摧毁了她。

在 20 世纪初，用写实手法描绘玫瑰不再流行，取而代之的是艺术化描绘的新艺术流派以及琉璃艺术家们的作品，如法国的埃米尔·加莱和纽约的康弗·蒂芙尼。随着岁月的流逝，可能因为每一个郊区花园里都种着杂交茶香月季和丰花月季，玫瑰也不再受专业画家的青睐了。尽管超现实主义画家雷尼·马格利特在他的典型又神秘的画作《潘多拉魔盒》（1951年）里描绘了一朵特别大的白玫瑰，乔治亚·奥基夫（1887—1986 年）用巨大的花朵特写镜头把他的玫瑰画风格向前推进。这种风格由赛·托姆布雷的《玫瑰》（2008 年）继承，罗伯特·梅普尔索普用他异乎寻常的黑白照片来研习玫瑰画法。

然而，在英国国内，玫瑰艺术并没有停滞不前。自 18 世纪以来，瓷器公司例如弓瓷、切尔西、德比、罗斯托夫特和斯伯德发现玫瑰成为他们最受欢迎的图案，罗斯托夫特瓷器被一种准确地说叫做"托马斯玫瑰"的图案装饰着。在欧洲大陆的梅森和宁芬堡瓷器品牌也经常以特色的玫瑰来装饰他们的产品。这个传统持续到今天，其中最稀有的收藏品是 20 世纪 50 年代的苏西·库珀"粉玫瑰"系列。韦奇伍德在 1945 年推出了"苔藓玫瑰"系列之后又在 20 世纪 70 年代推出了大受欢迎的"海瑟薇玫瑰"系列。"苔藓玫瑰"在 1699 年德国园艺书籍中第一次被提及，但直到 19 世纪早期才广泛流行，成为面料和瓷器设计师们的最爱。在 20 世纪 50 年代，我的父母很高兴能在婚礼清单上发现韦奇伍德的经典的"苔藓玫瑰"成套餐具。

在 19 世纪晚期的工艺品中，威廉·莫里斯的"多花蔷薇"面料设计的灵感来自《睡美人》的故事。他声称他偏爱简单的野生玫瑰比如多花蔷薇，反而对 19 世纪晚期引进的那些"犹如一个中等大小的卷心菜"的品种不予考虑。然而，莫里斯在克姆斯哥特出版社出版的插图版乔叟的《玫瑰传奇》

《十月，茶香月季，真诚，纯真》，摘自《花语》的一幅插画，书中每个月份由一种花以及一种情感来代表

（1896 年）中的确画的是包心玫瑰。

莫里斯设计的纺织品是经典的，至今仍流行的，但是花卉面料的流行是在 20 世纪 80 年代达到顶峰的。在那个年代，几乎每家的客厅都有一个包心玫瑰图案的窗帘，墙上还挂着一张雷杜德所绘玫瑰的印刷图片，而招待客人们的是皇家阿尔伯特的印有"苔藓玫瑰"的骨瓷茶具。但是正如杂交茶香月季和丰花月季走下时尚舞台一样，室内设计师最终也抛弃了印花棉布。

第十一章

花束、花

瓣和香水

　　每年的情人节，全世界范围内数百万枝红玫瑰被送给爱人们。很少人会怀疑他们所送出的信息——"我爱你"，这不需要任何注解。但假设这花束中包含有白蔷薇，或者大马士革蔷薇，或者天堂的禁忌黄玫瑰的话，接受者是否对这些信息有所了解呢？花语——用花卉来表达出信息——对今天的我们来说已经失传了。但是19世纪的大部分时间里，年轻的中产阶级女孩们都有一部"字典"来解密追求者所送的花的含义。她们会知道白玫瑰意味着"我很珍惜你"，大马士革蔷薇用来赞美"无价之美"，而可怕的黄色是谴责对方的不忠。

　　花朵的附加意义已存在数个世纪，在听到《哈姆雷特》里的奥菲利亚说"迷迭香，可以帮助回忆"时，没有人会感到惊讶。1763年出版的玛丽·沃特利·蒙塔古夫人的书中写了土耳其女人用诗句给每种花赋予一个含义。1819年路易丝·科坦伯特用笔名夏洛特·德·拉图尔出版的《花语》是编纂得最详细的一本。这本书1825年又由亨利·菲利普以《花饰》的名字在英国出版，它直到20世纪初才不再流行了。

　　从未过时的是把玫瑰带回家的渴望，不管是一束切花，或是你梳妆台上的一瓶香水。正如格特鲁德·杰基尔所说："花园里的任何一朵玫瑰，我们都希望它剪下后也令人赏心悦目。"但是她又补充了一句："切花唯一的缺点是开花的时间太短了。"这对富有的人来说不是问题。狂热的茶香月季收藏者罗斯柴尔德家族曾经在1878年为准备一个婚礼在自己的温室里种出了3000朵玫瑰。对于不那么富有的家庭，19世纪晚期杂交茶香月季之所以流行的原因之一是它们能够在花瓶里多存活几天。玫瑰也因此成为世界上最流行的切花。

　　康斯坦斯·斯普赖为了制作插花而栽种老种玫瑰，但是她每年只有几周时间能收获切花。今天我们可以在任何时间买到玫瑰。这取决于三个因素：低廉的空运费用、有效的冷藏，以及可以让花卉休眠近两周的采后处理。在一枝玫瑰到达欧洲的花店或者超市货架 48 小时之前，它还生长在肯尼亚、乌干达、赞比亚或以色列。24 小时后它会来到荷兰的两大拍卖行之一，阿斯米尔或者里恩斯堡。在到达后几小时之内被拍卖，然后就继续上路，在一到两天之内就能在某个人的家里优美展现。如今，它们多数是作为"混合花束"中的一员。

市面上的玫瑰切花大多数是在巨大的温室内水培的，在那里，一切都可以得到控制。根据季节，它们可以一天内被采摘多达六次。了解什么时候在哪里采摘的技巧至关重要。采得太快就可能不会开放，采得太慢的话它就会被送到"二等品"市场。长花茎很关键，但剪得太多的话就不会留有足够的"眼"再生发出新的花朵。花茎越长，花开得越大，卖的价格也更高，因为 2 月 13 日的单恋情郎们太过在意它了。情人节卖得最好的玫瑰有深红色的"红拂""娜奥米"和"雪山玫瑰"。因为有着传统的尖形花蕾和迷人的翻卷的圆形花瓣，"雪山玫瑰"有一大堆颜色柔和的"表亲"，使得这一家族与"厄瓜多尔白玫瑰"系列成为全年最可靠也是最流行的选择。你很少在产品手册中见到这些玫瑰，因为栽种它们主要是用来供应商业切花市场的。

这些随时都能买到的、开花持久的玫瑰的缺点是缺少香味。把鼻子埋进一束玫瑰里期望闻到美妙的香味几乎是人们的自然反应，但是如今，很少有人这样做。然而，如果在一个社交场合或者婚礼上这样做，也许会有惊喜。在非常高端的市场，培育者会考虑对于切花的香味的需求，尤其是在并不重要的插瓶期。英国的大卫·奥斯汀和法国的玫兰国际会特别从花园玫瑰品种当中选出合适的品种创建平行的切花业务。大卫·奥斯汀的"比阿特丽斯""康斯坦斯"和"伊迪丝"现在广泛种植以供应奢华社交市场。哥伦比亚和厄瓜多尔正逐渐成为香味玫瑰主要的供应商，他们的产品主要面向美国市场。肥沃的热带草原土壤、寒冷的夜晚和温暖的白天为生长提

伊迪丝，大卫·奥斯汀为社交活动和婚礼场合而开发的系列芳香月季

供了完美的条件。在波哥大种植的玫瑰可以在剪切后的 48 小时内到达巴尔的摩甚至到达伦敦的婚礼小教堂。

用玫瑰花瓣来熏香房间的用法并没有与古罗马人一同消失。19 世纪，在波斯等玫瑰品种丰富的国家里，使用数量巨大的花瓣是欢迎客人的惯例。大约 1810 年，东方学专家威廉·乌斯利爵士在描述他与时任英国大使的哥哥去参观一个富有的波斯人的家的情形时说：

　　它可以被称为是玫瑰盛宴，玫瑰装饰了所有的烛台，山楂
树的表面，或是蓄水池的水面全部都覆盖满了玫瑰叶子，以至于

拉贾斯坦邦，正在筛选中的用来销售或出口的玫瑰花瓣

只有在风的吹拂下才露出一点水面，而且仆人们不断地向水面和大厅地面撒玫瑰花瓣。

在阿拉伯人的家里，现在仍然使用玫瑰花瓣，虽然现今的花瓣主要靠进口。在印度的拉贾斯坦邦（沙漠之邦）的城市阿杰梅尔周围，芬芳的红玫瑰种植在周边的田野里。它们的花瓣在晾干后每天出口到中东地区。阿杰梅尔的空气中都充满了玫瑰香味，因为花瓣是在房顶和平坦的地面上晒干的。

19世纪，法国作家和园丁阿尔方塞·卡尔写道："没有香味的玫瑰，最多只能算半个玫瑰。"确实如此。

毕竟，是香味使玫瑰与花园中的其他花卉不同。没有其他花卉能兼具颜色和香味的多样性。现代玫瑰中，在我采访过的种植者中对香味评价最高的品种之一是哈克内斯的淡杏粉色的"钱多斯之美"（2005年）。我个人最喜欢的是彼得·比尔斯的迷人的开白色小花的"麦克米兰护士"（1998年）。但是香味是如此个性化，无法用语言形容。这是因为香味的化学成分超出了非专业人士的理解范围。比如，生长在保加利亚和土耳其的用来制作玫瑰精油、深受调香师赞誉的大马士革蔷薇"三十花瓣"含有大约450种化学成分。没有一种是蔷薇家族独有的，但是有四种成分因定义了古代玫瑰香味的本质而脱颖而出，分别是橙花醇、香叶醇、苯乙醇和香茅醇（与香茅不同）。虽然训练有素的"鼻子"或调香师能够察觉到玫瑰品种之间的细微差别，但业余爱好者更倾向于将玫瑰的香味分成五类：古代玫瑰香、果香、麝香（雄蕊散发出来的香味）、没药香以及也许是当时最出名的茶香。但有时候是混合的香味。

杂交玫瑰的后代品种产生了新的香味以及新的花形和习性。在19世纪，波旁玫瑰家族从它的中国和欧洲混血的祖先那里获得了特有的果香味。试试将你的鼻子埋进深粉色的波旁玫瑰"艾萨克·佩雷尔夫人"（1881年）中。相反地，麝香玫瑰能够在你看到之前就宣布它们的存在。开小粉花的保罗的"喜马拉雅麝香"（1916年）散发着丁香般的香味，可以在温暖而静谧的夏日午后飘过整个花园。白天的光照时间是另一个因素。早晨闻到的"阿尔弗雷德·卡里埃夫人"的清香到了晚上因为温度和湿度的变化而变得十分不同。它的花散发出一种成熟葡萄的香味。不仅是化学成分使香味随着品种的变化而变化，而且鼻子的敏感程度使香味也不相同。一个人闻着是果香、没药香味，或者散发着茴香味，可能另一个人闻起来是家居清洁剂的味道。也有证据表明，性别在香味喜好上也起了一定作用。

就像玫瑰的故事一样，萃取玫瑰精油也起源于古代波斯。精油从那里

在伊朗伊斯法罕省的卡尚的传统的玫瑰水蒸馏法

出口到伊斯兰国家和中国。在伊拉克萨马拉穆台瓦基勒苏丹宫殿里的地毯上会定期喷洒玫瑰水。"我是所有苏丹的国王，"他宣称，"就像玫瑰香是所有香味的国王。"正如之前提到的，耶路撒冷的阿克萨清真寺和君士坦丁堡的索菲亚哈吉教堂也用玫瑰水冲洗过，人们就是这样相信它的净化力量。麦加，穆斯林世界中最神圣的地方，至今仍每年用产自伊朗卡尚地区加姆萨尔的玫瑰水冲洗一次，这个地区是大马士革蔷薇的核心产地，这里每年一度的节日吸引着成千上万的人来观看制作玫瑰水的仪式。

至少是从普林尼时代起，人们就知道玫瑰对健康的益处。他列举出了32种人们认为可以用玫瑰治疗的不同疾病。数个世纪以来，药剂师和草药师推荐以玫瑰医治数种小病。最受欢迎的是来自《阿斯坎草药志》（1550年）："干燥的玫瑰放在鼻子上闻一闻，可以放松大脑和心灵并驱散精灵。"除了驱散精灵以外，玫瑰还被用来驱除家中的恶魔。伊丽莎白时代，人们用玫瑰水香味的手套捂住鼻子。在1594年，休·普拉特爵士的作品《女士的乐趣》中收录了一个"最好的甜水"的配方，这种奢侈的做法要用到"1000朵大马士革蔷薇"。欧洲最富有的家庭会请"熏香人"燃烧浸泡在玫瑰水中的炭火来祛除房间里的霉味。

1661年，传染病的爆发越来越频繁，日记作者约翰·伊夫琳确信大马士革蔷薇可以净化伦敦周围充满烟雾和有毒气体的空气。伊夫琳的诗人朋友亚伯拉罕·考利也同意这个看法：

> 他，有理由，还有他的气味，
>
> 不会在玫瑰和茉莉花处栖息，
>
> 也不是让他的灵魂窒息，
>
> 伴随着灰尘和烟雾。

不幸的是，甜美的气味仍未能阻止近七万伦敦人在1665年的大瘟疫中死亡。然而，玫瑰本身的抵抗疾病的能力被证明是有用的，因为它们被栽种在从托斯卡纳到澳大利亚巴罗萨山谷的葡萄酒产区一行行葡萄树丛的末端，可以作为一个早期预警系统。

玫瑰在家庭里最流行的一个用途是用作"百花香"，这是一个来自法语的词，字面的解释是"大杂烩"。它至少是从18世纪开始，卢克斯伯勒

插图显示妇人们正在摘玫瑰花制作玫瑰水，摘自《健康全书》，14世纪，这是一部欧洲中世纪的健康手册

夫人把它描述为"各种各样的花，它们有着不同的香味，当混合起来等到腐烂时，闻起来非常恶心"。除了最贫穷的家庭以外，所有的家庭都会用到百花香，配方由母亲传给女儿，由管家传给侍女。玫瑰花瓣一直是湿百

花香和干百花香的主要成分。湿百花香是花、盐和香料的混合物，现在很少有人这样做了，因为不那么"吸引眼球"，尽管它的香味保持得更长久。

几乎有多少品种的玫瑰就会有多少种干百花香的配方。在格特鲁德·杰拉德的《家与花园》（1900 年）中，她很少考虑这种方法，称之为比湿的百花香"更懒惰更无效"。草本学家埃利诺·辛克莱·罗德推荐加点红景天，做出来的百花香带有点药剂师玫瑰、忍冬、康乃馨、柠檬马鞭草以及梅花的香味。女园艺师贝丝·查托把她自己的取自德国鸢尾或者南欧香菖鸢尾

玫瑰果全部的有益健康的作用直到 20 世纪才被人们所了解

的块茎的草根碾碎，再加入一缕金盏花来形成颜色对比。她还警告说不要加入太多香料，避免最终的混合物闻起来像碎肉，而不是百花香。

　　虽然不像玫瑰花瓣那样具有装饰性，但玫瑰果长期以来因可以制作果酱也备受推崇。直到第二次世界大战期间，英国粮食短缺，人们此时才发现它的维生素 C 含量很高。据说，在 1941 年秋天，政府组织苏格兰妇女和童子军在树篱里搜寻玫瑰果来生产玫瑰果糖浆。他们出乎意料地收集了

贾汗吉尔皇帝与库拉姆王子受到皇帝的妻子努尔·贾汉的款待，据说是努尔·贾汉发现了如何提取玫瑰油。印度，约 1624 年

1.34 亿只玫瑰果，约合 200 吨，足够装 60 万瓶。在 20 世纪 50 年代之前无法供应橙子和其他柑橘类水果的时期，玫瑰果曾经是，现在仍然是获得这种重要维生素的宝贵来源。草药师还推荐用它们来增强免疫力，以提高骨关节炎患者的活动能力。在土耳其，更常见的与甜美的"喜悦"有关的是由玫瑰果制成的被广泛饮用的玫瑰茶，不仅是因为味道鲜美，而且也是因为它的保健功效。在波兰和世界各地的波兰人社区有一种习俗，在"圣灰星期三"前一天要吃甜甜圈，最好是填满玫瑰果酱的甜甜圈。

玫瑰水的制作相对来说比较简单，而从玫瑰中提取珍贵的精油则更为复杂。"精油"一词来源于古代波斯一个表示香味的词"atr"。蒸馏的技术可以追溯到 9 世纪甚至可能更早。在设拉子南面的菲鲁扎巴德郡阿迪什一世的王宫周围的平原，据说是红玫瑰的海洋，这里种植的玫瑰是用来制作精油出口埃及、印度和中国的。难以想象在 810 年到 817 年之间竟有30000 瓶精油从波斯运送到巴格达的哈里发。到了 16 世纪，意大利对蒸馏技术也有最基本的认识，但是更为通常的做法是从波斯和印度带回的精油通过威尼斯再卖到欧洲其他地区。

几个国家都有发现关于玫瑰精油的寓言故事。其中一个故事讲述了 17世纪初，印度美丽但是挑剔的莫卧儿公主努尔·贾汉要求在她位于阿格拉的阿兰姆巴格宫殿的沟渠要注满玫瑰水，因此才发现了玫瑰油。公主和她的丈夫——残暴的皇帝贾汗吉尔（1569—1627 年），看到玫瑰水在高温下蒸发，油腻的残留物有着"在印度最精致的香味"。贾汗吉尔声称："没有比它更出色的香味了！"

然而，在 15 世纪的东鲁梅利亚已经了解提炼工艺，这里是后来的奥斯曼省，但现在是保加利亚的卡赞勒克地区，这是世界上的玫瑰精油生产中心。土壤条件、降雨和温度的完美组合非常适宜种植大马士革蔷薇"三十花瓣"，在当地被称为大马士革蔷薇"卡赞勒克"。第二大种植区位于土耳其西南部的伊丝帕塔和布尔杜尔一带，是在 1894 年由一个保加利亚移民引进的。在这两个国家，"三十花瓣"是主要的种植品种，另外还有收获量较少的法国蔷薇和百叶蔷薇。每天早晨花一开就开始收集花瓣，待到露水被太阳晒干时为止。早上九点前采摘的花瓣能生产出最好的精油。整个花朵都可以使用，因为不仅花瓣，所有部分都含有珍贵的精油。

　　数个世纪以来，人们曾使用最基本的设备来提炼精油（农户生产），但是如今在行业内，高效率的工厂占据主要地位。主要有两种生产方法：化学溶剂萃取提纯法和蒸汽蒸馏法。前者是现在生产玫瑰原精即最浓缩的油的主要方法。旧的蒸汽蒸馏法在生产玫瑰水的同时也生产玫瑰精油，精油分离出来后漂在水面上，采摘季节很短暂而且劳动力密集，因为必须用

格拉斯一个香气浓郁的花瓣分拣大厅，1898 年

手摘花。在保加利亚和土耳其，大多是女人早早起来把柳条筐装满生机盎然的玫瑰。每年的玫瑰节上，游客都为醉人浓香的空气和采摘者敏捷的手指感到震惊。在把玫瑰发往世界各地，添加至从土耳其软糖到顶级的香水里之前，也有舞蹈和巡游来庆祝每年的丰收。原精与精油广泛使用于精致香水与化妆品乳霜中。需要10000片花瓣才能制作出一瓶5毫升的"玫瑰奥图"，即现在众所周知的玫瑰油，因此它是最珍贵的芬芳香料和化妆品精油之一。

法国，这些奢侈香水的发源地，在19世纪晚期就有人尝试种植大马士革蔷薇"三十花瓣"，但是它不能很好地适应更为温暖的气候。在这个位于巴黎郊区的著名玫瑰园，朱尔斯·格拉维罗培育出了玫瑰"拉伊香水"（1901年），希望它可以成为法国的"三十花瓣"。比他早千余年，中国人也曾用玫瑰作为香味的来源。但事实证明它对于法国种植者来说在经济上是不可行的。法国南部的格拉斯为香水产业种植了一些玫瑰，主要是大马士革蔷薇，但它从未能与保加利亚和土耳其进行国际竞争。法国的声誉主要是取决于香水的创造。

印度和巴基斯坦北部也种植大量芳香的大马士革蔷薇，用来供应本地礼拜时使用的花环和散装花瓣。两国均有制造玫瑰水和玫瑰精油的产业以满足国内需求及出口所需。从印度销往中东的精油与原精或者精华（字面含义为"玫瑰的灵魂"）有着相当不错的销量，特别是北方邦坎纳吉地区，主要销往沙特阿拉伯和科威特。玫瑰油在穆斯林当中具有特别的价值，因为它们可以直接涂在皮肤上而不用加酒精进去，也不像西方很多香水那样需要用喷雾或雾化器。在科威特，精华是男人和越来越多女人都在用的。精油被认为是随着年份而越来越有价值的，通常作为结婚礼物买下来储藏，就像人们储藏葡萄酒一样。2017年的一则BBC在线新闻曾报道说，沙特阿拉伯在2014年的香水销售总额为14亿美元（11亿英镑），平均每个消

玫瑰香味的化妆品标签，约 1840 年

费者每月仅在精油上就花费了 700 美元（550 英镑）。

在西方，除了考虑成本之外，人们不会用纯玫瑰原精作为单一的香味剂是因为它与混合了各种香味的香水比较起来气味太过于强烈。调香师的技能就是找到各种香精的最正确的组合。正如香水专家莉齐·奥斯特罗姆所说："玫瑰油闻起来不像玫瑰。"罗伯特·卡尔金花了一生的时间当"鼻子"，他现在是大卫·奥斯汀的玫瑰香味顾问，他告诉我说，纯的玫瑰香，它不是"性感"的香气，但是当混合了其他成分诸如茉莉花香时，它就成为最吸引女性的香水。这使它成为 20 世纪顶级品牌保湿霜和许多最有名的香水里的关键成分。

这一切始于最早的商业调香师之一——弗朗索瓦·科蒂，他推出了他的新品香水"玫瑰与红玫瑰"，它是以天鹅绒般的红色玫瑰"红透的玫瑰"（1853 年）的名字而命名的，这是一款特别香的法国玫瑰，同时也是格拉维罗的月季"拉伊香水"的"祖父母"之一。科蒂参观过一家巴黎的百货公司，"不小心"把一瓶香水掉在了地上。当女人们蜂拥而至寻找香味的来源时，商店开始吵着要备库存。接下来，持续不断地出现了数十种玫瑰"单方花香调"——以玫瑰为中心成分，用它的名字命名的玫瑰香水，其中包括玫瑰（卡朗）、中国玫瑰（佛罗瑞斯）、玫瑰印记（玫瑰心）、玫瑰之露（桑丽卡）、两款情迷玫瑰（安霓可古特尔和伊夫黎雪）。还有更多证据表明它们的起源或历史，比如意大利之水品牌的"罗马玫瑰"及克雷德信仰品牌的"保加利亚王室玫瑰"。但是 20 世纪最成功的玫瑰香水品牌却不是那么明显，帕图的"欢乐"、香奈儿"18 号"、法国娇兰的"娜希玛"、雅诗兰黛的"美丽女人"都依赖玫瑰来作为它们的前调。伟大的调香师芦丹氏形容他自己的暗夜玫瑰是"真正的玫瑰地毯"。但是颇有争议的香水评论家卢卡·图灵认为，在 20 世纪 80 年代的伊夫·圣罗兰的"巴黎"之后，"不可能有比它更知名、更大气、更复杂的玫瑰（香水）出现"。

对于在室内获取真正的玫瑰香味，我建议你去佛罗伦萨靠近著名的同名教堂和火车站后街的圣塔玛莉亚洛维拉药房参观，他们至少从 1391 年就开始生产玫瑰水，然后从 1612 年开始向公众出售传统的玫瑰产品。走进药房的那一刻，深吸一口气就好似你吸入了玫瑰的精华，就像数个世纪前特权阶层所做的那样。

1391 年，当圣塔玛莉亚洛维拉的修女们开始制造玫瑰水的时候，欧洲人所知道的世界还是一个小得多的世界，在他们的观念中没有美洲，没有南半球，只有旅行者传说中的远东。甚至佛罗伦萨还完全是中世纪时期的样子，菲力波·布鲁内莱斯基 40 年后才在大教堂内开始创作。英国金

佛罗伦萨圣塔玛莉亚洛维拉药房里的玫瑰芳香产品

雀花王朝的国王理查二世仍然在位，100 年之后玫瑰才成为英国的象征，再过 100 多年才变成都铎玫瑰。距离教会放弃对玫瑰的反感已经差不多有1000 年了，这之前玫瑰一直过多地与罗马异教徒联系在一起。

1613 年，在修女们开始向公众售卖玫瑰产品之后的一年，印刷技术也得到了极大的改进，《艾希施泰特的花园》可以展示出生长在巴伐利亚的艾希施泰特主教花园里的玫瑰的生动细节。16 年后，约翰·帕金森在英国写下了大约 24 种不同的玫瑰。150 年之后，四大老种月季从中国来到英国并永久地改变了玫瑰的育种方式。在 19 世纪下半叶，杂交茶香月季被引进，20 世纪初，丰花月季被引进，这带来了玫瑰颜色、形状、风格和香味的爆

展示了精准细节的白玫瑰和红玫瑰，摘自巴西利厄斯·贝斯莱尔的《艾希施泰特的花园》，纽伦堡，1613 年

炸式增长，至今仍没有放缓的迹象。康茨家族的安吉拉·波西花费了 34 年的时间和心血，用爱编辑了最新网络版的《找到那个玫瑰》，列出了英国40 多个种植者的 3580 种不同品种的玫瑰。其中一些每年都会消失不见，2016 年又新推出了 140 个新品种。人们与世界上最受欢迎的花的情事永无止境。

附录一

玫瑰家族及其分组

玫瑰属于庞大的蔷薇科的 107 个属，包含 3000 个种（自然产生的植物品种）。除了玫瑰，蔷薇科还包括许多著名的可食用的水果，如扁桃、苹果、杏、黑莓、梨、李子、覆盆子、草莓，甚至还有木瓜和枸杞，以及许多受欢迎的花园灌木，如柏子和火棘，还有草本多年生植物，如委陵菜和软羽衣草。

玫瑰名称和学名

每种玫瑰都有至少两个名字。第一个是属名，表示它属于蔷薇属。第二个是种名，用斜体字，表明它原本是一种野外发现的玫瑰；如果第二个名字注有引号的话，如在玫瑰"和平"里，"a hybrid cultivar"表示杂交栽培种，意思是它是人工培育的。如果还有第三个名字并带引号的话，说明它是一个玫瑰种的特别变种（不管是自然发生的还是栽培的），例如：重瓣法国蔷薇（Rosa gallica 'Officinalis'），告诉了我们它的属（蔷薇）、种（法国）以及变种（重瓣）。

　　玫瑰的名字偶尔在不同的国家会有所变化。例如白色覆地蔷薇"雪花"是由沃纳诺克在 1991 年培育的，在它的产地德国以外，它的英语名字"白花地毯"广为人知，而且在一些国家以"奥菲利亚"或者"白翡翠"的名字售卖。

　　更令人困惑的是，另外一种完全不同的品种皱叶蔷薇"覆雪幽径"也常常被当作"雪花"售卖。为了帮助种植者知道他们买的玫瑰的品种纯良，在 20 世纪 70 年代末，玫瑰育种家都采用了一个新的全球注册代码名系统。从那以后，注册的玫瑰都有一个代码名，第一个代码是三个大写字母，用来识别育种家，例如 NOA 代表诺克（Noack）。接下来的第二个代码是较小的大写字母，代表特定的玫瑰。这个惯例在零售界几乎见不到，但可以使在各个国家销售的玫瑰都有唯一的标识。"白花地毯"的植物标签应显示它的官方商品名——NOASCHNEE——无法读出但有助于让你得知得到的是正确品种。通常这种造出来的词与它的常用的名字没有关联。例如，哈克尼斯的灌木玫瑰"杰奎琳·杜普蕾"的商品名是 HARWANN。但偶尔也会有所暗示。例如，AUSQUAKER 是大卫·奥斯汀的杏色"朱迪·丹奇夫人"玫瑰的商品名。朱迪·丹奇的粉丝也许知道她是纽约贵格会的一员并曾经就读于贵格会女子学校。

原种蔷薇、古代玫瑰、现代月季

原种蔷薇存在于北半球范围内，南半球还没有发现过。在已知的 200

多个原种蔷薇中，有40%是在中国发现的。而有一些，例如紫叶蔷薇和华西蔷薇是种植在花园里的，其他的用于培育杂交的玫瑰。今天我们在花园里看见的玫瑰大多数都是这16种原种蔷薇的后代：

旋花蔷薇（田蔷薇）、布兰达蔷薇（草原蔷薇）、犬蔷薇（狗蔷薇）、中国月季（红蔷薇）、腺果蔷薇、异味蔷薇（奥地利野蔷薇或波斯野蔷薇）、

由大马士革蔷薇杂交得来的"波特兰公爵夫人"，皮埃尔-约瑟夫·雷杜德，1817—1824年

法国蔷薇、巨花蔷薇、麝香蔷薇、野蔷薇（日本蔷薇）、茴芹叶蔷薇（伯纳特玫瑰或苏格兰蔷薇）、多花蔷薇（野蔷薇）、皱叶蔷薇、常绿蔷薇、刚毛蔷薇、光叶蔷薇。

古代玫瑰群组

古代玫瑰（老种玫瑰），也被称为"传统玫瑰"或"历史玫瑰"，是 1867 年第一种杂交茶香问世之前的一个群组的成员。他们的起源往往不清楚。以下是最广泛出现的群组，分为夏季或一季开花型与多季重复开花型。

夏季或一季开花型的古代玫瑰

白蔷薇　通常是白色和浅粉色，能长出蓝绿色叶子的高大灌木。其中最古老和最强健的是半重瓣白蔷薇，人们认为它是约克白玫瑰的祖先。它们源于犬蔷薇和法国蔷薇。

百叶蔷薇　包心玫瑰或者是普罗旺斯玫瑰，很受画家的喜爱，是一个很小的群组，以其大型的粉红色的花冠而闻名。它们是由卡洛斯·克鲁斯于 16 世纪 90 年代在莱顿植物园推广开来的。它们的起源不明，但是可能是法国蔷薇与大马士革蔷薇的杂交品种。

大马士革蔷薇（突厥蔷薇）　在伊斯兰世界已经种植了数个世纪，但是大马士革蔷薇引进到西方的时间相对较晚。夏季大马士革蔷薇包括条纹状的双色蔷薇，也称为"约克和兰开斯特玫瑰"（约 1550 年），以及纯白色的"哈迪夫人"（1832 年）。

法国蔷薇 很有可能是最古老的品种。药剂师蔷薇、普罗因玫瑰、半重瓣红蔷薇最有可能是红色的兰开斯特蔷薇。欧洲将其大量用于药物、装饰和烹饪的目的。尽管现在大多数植物园已经不再栽种它，但杂交法国蔷薇在 19 世纪中期非常流行。深红色的"查尔斯的磨坊"（约 1790 年）是很早问世并仍在流行的品种，栗色的"超级托斯卡纳"（1837 年）也是如此。

苔藓蔷薇 其萼片上覆盖着柔软的苔藓状变异物，有时还覆盖到茎上，是从百叶蔷薇以及偶尔从大马士革蔷薇变异而来的粉色花朵，19 世纪非常流行，在法国尤其如此。它们有种芳香的树脂味道，并且摸起来很黏。颜色范围从深红色的"威廉·洛博"（1855 年）到透明粉色的"普通苔藓蔷薇"（约 1700 年）都有。

多季重复开花型的古代玫瑰

秋季大马士革蔷薇 又称"常青大马士革"或"青大马士革"，也称为"四季"，尽管人们认为它是夏季大马士革的一个突变，但它的原种至今尚不清楚，具体何时传入西欧也不确定。乔万尼·法拉利在《花卉文化》（1633 年）里曾经提到过它，但可能古希腊人和古罗马人已经知道它了。除了粉色的原种以外，还有白色的变种。

波旁玫瑰与波旁藤本月季 偶然间诞生于印度洋上的留尼汪岛，在 19 世纪 60 年代苏伊士运河开通之前，留尼汪岛被称为波旁岛。曾经是欧洲与远东之间贸易船只的固定停靠点。在 1817 年，植物学家尼古拉斯·布雷恩注意到，在粉色的中国月季"宫粉"和深粉色的秋季大马士革蔷薇"四季"之间的树篱中有一株幼苗。他把它移种出来后，将种子送给了巴黎的育种师安东尼·雅客。雅客是专门研究杂交育种的，但是它们没有像杂交长青月季系列那样有那么强的适应能力。著名的品种包括浓粉色的"路易欧迪"（1851 年）和漂亮的杯状浅粉色的"皮埃特欧格"（1878 年）。

中国月季 是世界上已知最古老的品种，但直到 18 世纪末才引进到英国和法国。四大老种月季（见第四章）带来了 19 世纪月季与茶香玫瑰的杂交繁育，而且它们促进了许多现代玫瑰群组的发展，尽管有一些品种需要在温暖的气候下才能成活。宫粉月季，也称为"月月粉"月季，至今仍在广泛种植。

杂交长青月季 是与月季和 19 世纪中叶的其他早期品种，如波旁玫瑰和波特兰玫瑰杂交后再杂交产生的。它们中出现了总体上值得栽种的重复开花的室外玫瑰。它们的大花朵很受欢迎，但是颜色范围有限，大多是淡紫色的。曾推出了上千个品种，但最后在大批杂交茶香月季和丰花月季的迅猛冲击下，仅有少数品种幸存下来，如深粉色的"雷恩"（1842 年）以及深紫色的"紫罗兰王后"（1860 年）。

诺伊塞特玫瑰 于 19 世纪早期在美国出现，由麝香蔷薇与四大老种之一的宫粉月季杂交培育而成。这个群组中最经久不衰的是通常作为藤本月季来栽种的"粉红诺伊塞特"，以及浅贝壳粉色的"阿尔弗雷德·卡里埃夫人"（1879 年）。

波特兰玫瑰 是一个小的群组，但却包含了一些非常具有园艺价值的品种，例如深紫色的"靛蓝"（1830 年）和深粉色的"雅客·卡地亚"（1868 年）。波特兰玫瑰的原种很可能是大马士革蔷薇与法国蔷薇杂交产生的。尽管没有直接证据，但是传统上人们认为它是以伟大的女植物学家玛格丽特·卡文迪什·本丁克，也就是第二任波特兰公爵夫人（1715—1785 年）的名字来命名的。

茶香月季（香水月季） 是巨花蔷薇和中国月季杂交产生的品种。

在西方，除了在气候温暖的地区，杂交茶香月季都太过娇弱了，大部分的杂交茶香月季都是由休氏中国绯红茶香月季和中国黄色茶香月季演变而来的。它们是19世纪切花贸易中最受欢迎的品种，特别是浅粉色的"凯瑟琳·梅尔梅特"（1869年）。

现代月季群组

现代月季是指在1867年第一款杂交茶香月季"法兰西"问世及之后推出的各个群组的品种。每个国家之间的分类方法或许各有不同，以下是种植最广泛的群组，其中很多种类都有藤本形式。

丰花月季和藤本丰花月季　又称聚花月季，是20世纪初期丹麦的鲍尔森育种公司培育的。它们是长花茎独枝大花的杂交茶香月季与多花月季（小姐妹月季）系的杂交品种。杂交茶香月季的血统使多花月季的花朵增大了，产生了开满大花的植株。每个花茎上长有数朵花，使得丰花月季不适合用作切花或展示，但是在需要视觉冲击力的大型种植项目中很受欢迎。

壮花月季和藤本壮花月季　仅美国可见，是一种高大、开巨型花朵的丰花月季。例如鲜粉色的"伊丽莎白女王"（1954年）。

地被月季　是在英国和德国被培育出来的，包括科德斯的"乡郡"系列。在美国，它们被称为景观月季，"绝代佳人®"系列广受欢迎。

杂交麝香月季　是20世纪早期由英国的约瑟夫·彭伯顿牧师培育出来的，后来他的园丁约翰·贝内特以及德国的彼得·兰伯特也有所贡献。它与麝香蔷薇有远亲关系，它们是一个芬芳、花朵聚生的群组，包括淡粉色的"科尼莉亚"（1925年）和玫粉色的"弗利西亚"（1928年）。

杂交茶香月季和藤本杂交茶香月季　也称为大花月季，是通过19世纪最流行的两个群组——茶香月季和杂交长青月季杂交创造出来的。它们是 20 世纪最典型的月季：健壮，有深绿色的叶子，独花茎的花朵，而且重复开花，可做切花。百余年来，它们在玫瑰世界中独占鳌头，而且其中很多现在仍然是玫瑰在颜色和外形方面的典型代表。这个群组中也有很多藤本类型的月季。

藤本野蔷薇、常绿蔷薇和光叶蔷薇　是最珍贵的跨越了古代蔷薇与现

多花月季"小仙女"，1932 年

代月季之间时间界限的攀缘型品种。例如，白色的"阿尔贝里克"（1860年）与浅贝壳粉色的"新黎明"（1930年），二者均为光叶蔷薇。

多花月季（又称小姐妹月季）及藤本多花月季 是 19 世纪末每个花茎上都有大量小型花朵的月季群组，它们促进了杂交长青月季的发展，其中最为广泛种植的是中粉色的"小仙女"（1932年）。

杂交玫瑰 是坚韧的月季与常见于中国、日本、韩国和西伯利亚的玫瑰（皱叶蔷薇）杂交产生的品种。因为它们几乎无病害，所以通常用作树篱。许多品种都有着浓郁的香味，例如深色的"海氏玫瑰园"（1901年）。

灌木玫瑰 这个术语是用于形容那些不易划归为其他古代或现代玫瑰群组的品种，例如"金色翅膀"（1958年）或者"红衣主教休姆"（1984年）。它常特别用于像大卫·奥斯汀的英国玫瑰这种植株比较松散、适合在混合花境种植的现代玫瑰品种。

附录二

食　谱

应用这些食谱时，需要确保你使用的玫瑰没有喷洒过杀虫剂。同时认真检查是否有隐藏起来的昆虫并丢弃不完美的花瓣。

食用玫瑰配方

玫瑰水

将玫瑰花瓣，最好是大马士革蔷薇的花瓣放进平底锅里。加入足够的蒸馏水来盖住花瓣，然后盖上盖子，用小火慢慢炖，直到花瓣上的颜色都褪掉，进入水里。不要把水烧开，这很重要。用细棉布把玫瑰水滤入干净的瓶子里。玫瑰水在冰箱内可以保存几个星期，可用于烹饪或美容。

玫瑰花瓣酱

收集有香味的红色或粉色的花瓣，备好糖、两个柠檬的汁、果胶、水——建议用量因配方而异，不必精确。每500克糖和1升水，可加入100至200克玫瑰花瓣。

收集未喷洒过杀虫剂的玫瑰，花瓣颜色越深，花瓣酱的颜色也就越深。将花瓣放入碗中撒上适量的糖。

用手碾碎，与糖揉成一团。用塑料薄膜盖住碗，放置于凉爽处过夜。

把剩下的糖、柠檬汁、少许果胶和水一起加热，一直搅拌。在糖浆即将煮沸前放入玫瑰花瓣混合物，持续炖20分钟。如果愿意的话，花瓣可以在几分钟后滤掉。最后煮沸5分钟，即可取样在冷盘子上测试。待稍冷却后盛入杀过菌的罐子内，之后密封保存。

蜜饯玫瑰花瓣

收集一些玫瑰花瓣，放在两张纸巾之间拍干。搅拌一个蛋清直至蓬松。用镊子夹住每片花瓣，用小画笔在花瓣的每一面薄薄地涂上蛋清。将花瓣放入浅碗，浸在砂糖里，两面都涂匀砂糖。之后放入托盘，托盘里衬上防油纸或烘焙仿羊皮纸，再撒上更多的糖。根据需要用尽可能多的花瓣重复以上步骤。留一整夜晾干，然后在室温下储存在密封的容器中备用。

玫瑰伏特加

多亏了德文郡水塔农场厨房花园学校的马克·迪亚科诺，这道食谱才得以面世。

将一升伏特加放入宽颈的罐子里，加入大约一勺糖和一把皱叶蔷薇或其他芳香的玫瑰花瓣。放置3天，花瓣颜色会滤入酒精中。之后滤去花瓣。冰镇和常温饮用或者加入某种泡沫剂增强酒味。

玫瑰果糖浆

将玫瑰果切碎，放入搅拌器中，取 1.25 升的水放入平底锅中。用文火煮 15 分钟，然后用干净的薄纱布将果汁滤入碗中，静置至少半个小时，以确保所有果汁都被提取出来，之后丢弃玫瑰果。放入一个大平底锅内，每 500 毫升果汁加入 325 克白糖。慢慢煮沸，用文火炖至糖溶解，不断搅拌。倒入灭菌的瓶子中，密封保存 3 个月。3 个月后打开冷藏。

玫瑰果酱

将新鲜的玫瑰果注入清水，水面没过玫瑰果，待煮至玫瑰果变软后，筛去种子，放入和果肉等量的糖，按上述煮糖浆的步骤煮成果酱。

玫瑰果糖浆果酱

将 800 克玫瑰果洗净，从头至尾切成两半。用甜瓜勺或者小勺子去籽。将玫瑰果和 200 克糖放入平底锅中，盖上盖子静置过夜。第二天加入水和橙汁各 150 毫升，文火煮大约 15 至 20 分钟，直至变软。加入一个未处理的柠檬的果汁、一个肉桂棒和 200 克果酱糖，文火再炖 5 分钟。趁热滤入备好的果酱罐中。

玫瑰果茶

既可以用新鲜的也可以用干的玫瑰果，把一大勺新鲜的或一小勺干的玫瑰果放在一壶滚水里浸泡 15 分钟。把茶里的玫瑰果滤掉，加入一勺蜂蜜即可品尝。

玫瑰果干

玫瑰果很容易晾干，采摘后洗净，用纸巾擦干。排列在衬有防油纸或烘焙仿羊皮纸的托盘上，平铺开，避免玫瑰果彼此碰到。放置在阴凉处两周。然后把缩水的玫瑰果放在罐子里，以备以后使用。

家中有玫瑰的香味

湿百花香

在阳光明媚的中午时分，将完全开放的玫瑰花摘下，晾干。随即把它们铺在一块布或者旧床单上，放在温暖且没有阳光照射的地方。第二天，拿一个合适的带盖子的瓷罐或者陶罐（不可用玻璃的，因为不能有光透过），开始用海盐覆盖玫瑰花瓣，每3到4层加入一些柠檬马鞭草、月桂叶或甜天竺叶及薰衣草花。这些可以几天甚至几星期后添加，因为花会慢慢下沉，特别是在重量较轻的情况下，可以加满罐子。大约6周后，当准备使用时加入香料、肉桂粉、肉豆蔻衣、肉蔻、捣碎的柠檬皮各15克和60克鸢尾草根粉，以及30克的安息香（如果有的话）。也可以加入几滴玫瑰油或玫瑰天竺葵油。在这个阶段，花朵应该变成了糊状。把百花香移至带有孔的盖子的壶里，定期搅拌，将香味释放到房间里。

干百花香

这是关系到味道和花朵的可用性的问题。但所有的专家都认为，制作干百花香的主要成分应该是玫瑰花瓣，而且它们必须是彻底干燥的，所以只要大多是玫瑰花瓣，其余的取决于你自己。晾干并混合进一点鸢尾根作为固定剂，或者定期滴入几滴玫瑰油来增强香味。

干玫瑰花蕾

如今，想要在一年四季都拥有各种形式的玫瑰并不是什么新鲜事。但在伊丽莎白时代，根据埃利诺·辛克莱·罗德的说法，玫瑰是用沙子晒干的。现在，干燥剂已经被广泛采用，而且很容易使用。

在一个旧的饼干罐或者塑料盒子中加入一半的二氧化硅，然后将玫瑰花蕾一个个地放在二氧化硅颗粒之上。在花蕾上面撒更多的二氧化硅，直到将花蕾完全埋住。盖上盖子，在温暖干燥处放置至少一个星期。二氧化硅吸收玫瑰花蕾的水分时会稍微变色，中途可以检查并重新埋好花蕾。待完全干燥后，用软漆刷刷掉所有残余的二氧化硅。二氧化硅可以在烤箱中低温干燥后重复使用。

如果短期使用的话，可以将玫瑰花束倒挂起来，在温暖避光的地方静置干燥。

大事年表

4000 万年前	20 世纪，在北美考古时发现的玫瑰化石
77—79 年	老普林尼在《自然史》中列出 32 种玫瑰可以治愈的疾病
170 年	玫瑰花环放置在下埃及哈瓦拉的一处墓穴内，于 19 世纪 80 年代被发掘
818 年	查理大帝的儿子虔诚者路易在希尔德斯海姆大教堂墙边种下了犬蔷薇，它至今还生长在那里，是名副其实的"千年玫瑰"
1239/1240 年	药剂师蔷薇由十字军战士带回法国，很可能是放在纳瓦拉赫卡佩王朝的国王蒂博特四世的头盔内带回的
约 1435 年	白色的和粉色的重瓣白蔷薇攀爬在斯特凡诺·达·泽维奥的画《玫瑰园中的圣母玛利亚》中的格子架上
1597 年	约翰·杰拉德在《植物志》中提及"荷兰玫瑰"，后由卡尔·林奈在 1753 年将之命名为"百叶蔷薇"
约 1750 年	卡尔·林奈收到从广东寄来的一株干枯的和一株存活的中国宫粉月季，但这并没有引起重视
1792 年	中国四大老种月季中的第一个品种"斯氏中国朱红月季"传到英国

1793 年	第二个四大老种月季"帕氏中国粉月季"再次从中国引入，后以"宫粉"的名字广为人知
1800 年	宫粉传到美洲
1809 年	第三个四大老种月季"休氏中国绯红茶香月季"——现已失传——经印度引入英国
1810 年	伦敦的育种家约翰·肯尼迪得到特别许可，穿越敌军防线将玫瑰运送至约瑟芬皇后的家中——位于巴黎近郊的梅尔梅森城堡
约 1811 年	南卡罗来纳州查尔斯顿的约翰·查普尼在他的稻田间发现了一个新的玫瑰品种，将之命名为"查伯尼串粉"，是中国月季与麝香蔷薇杂交而成的
1814 年	菲利普·诺伊塞特，查尔斯顿植物园的董事，用"查伯尼串粉"培育出了第一个"诺伊塞特月季"，并寄送给他在巴黎的兄弟路易斯·克劳德
1817 年	尼古拉斯·布雷恩在波旁岛（现称留尼汪岛）发现了大马士革蔷薇与中国月季天然杂交所成的幼苗，成为了后来的波旁玫瑰系列的亲本
1819 年	路易斯·克劳德在法国培育并推出了诺伊塞特月季系列的"粉红诺伊塞特"
1824 年	"帕克斯中国黄色茶香月季"——第四个四大老种月季，由约翰·戴蒙·帕克斯在一次植物狩猎行动中带回
1838 年	亨利维洛克爵士从波斯带回重瓣异味蔷薇
1840—1880 年	又称"伟大的四十年"，包括了杂交长青月季的巅峰时期，其间有超过 300 多个不同品种的大马士革蔷薇问世
1867 年	"法兰西"，后被认定为第一款杂交茶香月季，由让-巴普蒂斯特·吉洛特培育成功。根据美国玫瑰协会（ARS）在 1966 年的声明，1867 年成为"古代玫瑰"（传统玫瑰）与现代玫瑰群组的分界点

续表

1876 年	英国皇家玫瑰协会成立，由塞缪尔·雷诺兹·霍尔牧师出任第一任主席
1880 年	英国玫瑰种植商亨利·贝内特向里昂园艺协会以"混血杂交茶香月季"的种类展示了 10 个新品种玫瑰。里昂园艺协会承认他创造了一个新的品类，从此以后称之为"杂交茶香系列"
1893 年	英国皇家玫瑰协会终于接受了用"杂交茶香"这个术语来描述亨利·贝内特，那个"威尔特郡奇人"创造出的这一玫瑰品类
1898 年	欧洲玫瑰园由德国玫瑰协会在德国的桑厄豪森创建
1899 年	朱尔斯·格拉维罗，巴黎"很划算"百货商店的所有者，退休后专注于他的位于巴黎城外马恩河谷的玫瑰园
1900 年	约瑟夫·佩尔内特－杜歇引入"黄金太阳"，为杂交茶香月季创造了一个新的支系，被称作"普纳月季"
1901 年	植物"猎人"和探险家"中国植物通"欧内斯特·威尔逊发现了华西蔷薇，并在后来把它与另外 18 种玫瑰一同带回皇家植物园邱园以及位于马萨诸塞州波士顿的阿诺德植物园
1905 年	俄勒冈的波特兰市举办了一届世界博览会，在人行道上种植了 10000 株杂交茶香月季"卡洛琳夫人"
1907 年	世界上第一个玫瑰试验花园在巴黎布洛涅森林公园的巴加特尔园成立
1911 年	丹麦育种师丹尼斯·鲍尔森培育了丰花月季，最初是以"杂交多花月季"的名字被人们所认识的，它有持续的长花期
1930 年	旅居美国的法国裔玫瑰园艺家 J.H. 尼古拉斯博士为这个由杂交茶香月季和多花月季杂交而成的新月季系列创造了术语"丰花月季"。美国的植物专利方案让玫瑰培育者第一次赚到了版税

1932 年	英国国家玫瑰园在伦敦的摄政公园创立，于 1935 年改称玛丽王后玫瑰园
1945 年	"和平"——世界上最成功的月季，由培育者弗兰西斯·玫兰引进回法国，在美国由康纳得－派尔育种园推出面世
1960 年	"巨星"由德国的小马提亚斯·坦陶培育，成为第一款含有鲜亮的天竺葵色素的玫瑰
1961 年	大卫·奥斯汀培育推出一季开花型的灌木玫瑰"康斯坦斯·斯普赖"，成为他的英国月季家族的第一款
20 世纪 70 年代	格拉汉姆·斯图尔·托马斯将其收藏的古代玫瑰移至汉普郡的莫提斯方，由国家信托协会拥有，这里后来成为 1900 年之前玫瑰的国家收藏馆
1986 年	罗纳德·里根总统宣布玫瑰为美国的国花。同时，玫瑰也成为英国工党的标志
1999 年	"绝代佳人®"系列由美国威斯康辛州格林菲尔德的业余玫瑰育种人威廉·拉德勒培育，这也成为了该国最受欢迎的玫瑰
2016 年	"弗兰克·金敦·沃德"玫瑰栽种在剑桥的格兰切斯教堂沃德的墓前，这个品种是用他从印度西北部锡罗西山坡上采回的"巨花蔷薇"培育成功的
2017 年	BBC 节目"园艺世界"的观众评选出玫瑰为在过去 50 年里最重要、最有影响力的植物

参考文献

1. Austin,David,*Old Roses and English Roses*（《古代蔷薇和英国玫瑰》），Woodbridge,1992.

2. Austin,David, *Shrub Roses and Climbing Roses: With Hybrid Tea and Floribunda Roses*（《灌木玫瑰和藤本月季：关于杂交茶香月季和丰花月季》），Woodbridge,1993.

3. Beales,Peter, *Classic Roses: An Illustrated Encyclopaedia and Grower's Manual of Old Roses, Shrub Roses and Climbers*（《古典玫瑰：古代蔷薇、灌木玫瑰和藤本月季的图解百科全书和种植者手册》），London,1997.

4. Bunyard,Edward, *Old Garden Roses*（《古代花园玫瑰》），London,1936.

5. Cairns,Tommy,ed., *Modern Roses XI: The World Encyclopedia of Roses*（《现代玫瑰十一：世界玫瑰百科全书》），San Diego,CA,2000.

6. Dickerson,B., *The Old Rose Advisor*（《古代玫瑰顾问》），Portland,OR,1992.

7. Dickerson,B., *The Old Rose Adventurer*（《古代玫瑰探险家》）, Portland,OR,1999.

8. Elliott,Brent, *The Rose*（《玫瑰》）, London,2016.

9. Fisher,Celia, *Flowers of the Renaissance*（《文艺复兴时期的花卉》）, London,2011.

10. Genders,Roy, *A History of Scent*（《香味的历史》）,London,1972.

11. Goor,A., *History of the Rose in the Holy Land Throughout the Ages*（《历代圣坛玫瑰的历史》）, Tel Aviv,1981.

12. Griffiths,Trevor, *A Celebration of Old Roses*（《老种玫瑰的庆典》）, London,1911.

13. Harkness,Jack, *The Makers of Heavenly Roses*（《天堂玫瑰制造者》）, London,1985.

14. Harkness,Peter, *The Rose: A Colourful Inheritance*（《蔷薇秘事》）, London,2003.

15. Hobhouse,Penelope, *Gardens of Persia*（《波斯花园》）, London,2006.

16. Hobhouse,Penelope, *Plants in Garden History*（《花园植物史》）, London,1992.

17. Jekyll,Gertrude,and E.Mawley, *Roses for English Gardens*（《英国花园的玫瑰》）, London,1902.

18. Krüssmann,Gerd, *The Complete Book of Roses*（《玫瑰全集》）, trans.Gerd Krüssmann and N.Raban,London,1982.

19. Laird,Mark, *A Natural History of English Gardening,1650—1800*（《英国园林自然历史：1650—1800》）, New Haven,CT,2015.

20. Landsberg,Sylvia, *The Medieval Garden*（《中世纪园林》），

London,1995.

21. Le Rougetel,Hazel, *A Heritage of Roses*（《玫瑰的传统》），London,1988.

22. Pal,B.P., *The Rose in India*（《印度的玫瑰》）, New Delhi,1966.

23. Paterson,Allen, *A History of the Fragrant Rose*（《芬芳玫瑰的历史》）, London,2004.

24. Phillips,Roger,and Martyn Rix, *The Quest for the Rose*（《对玫瑰的追求》）, London,1996.

25. Potter,Jennifer, *The Rose: A True History*（《玫瑰：真实的历史》）, London,2011.

26. Quest-Ritson,Charles,and Brigid Quest-Ritson, *The Royal Horticultural Society Encyclopedia of Roses*（《皇家园艺协会的玫瑰百科全书》）, London,2003.

27. Rose,Graham,Peter King and David Squire, *The Love of Roses*（《玫瑰之恋》）, London,1990.

28. Shepherd,Roy E., *History of the Rose*（《玫瑰的历史》）, New York.

29. Thomas,Graham Stuart, *The Graham Stuart Thomas Rose Book*（《格拉汉姆·斯图亚特·托马斯的玫瑰书》）, London,2004.

30. Villalobos,Nadine, *A Treasury in L' Haÿ -les-Roses: The Roseraie du Val-de-Marne*（《拉伊莱罗斯的宝藏：马恩河谷玫瑰园》）, Paris,2006.

相关协会

AMERICAN ROSE SOCIETY
（美国玫瑰协会）

EUROPA–ROSARIUM,SANGERHAUSEN
（桑厄豪森欧洲玫瑰园）

HERITAGE ROSE FOUNDATION
（传统玫瑰基金会）

HISTORIC ROSES GROUP
（历史玫瑰组织）

MOTTISFONT
National Collection of Old–fashioned Roses
（莫提斯方古典玫瑰国家收藏园）

SOCIÉTÉ FRANCAISE DES ROSES
（法国国家玫瑰协会）

WORLD FEDERATION OF ROSE SOCIETIES
（世界玫瑰协会联盟）

供应商

DAVID AUSTIN ROSES
（大卫·奥斯汀玫瑰）

JACKSON & PERKINS
（杰克逊和珀金斯）

MEILLAND（FR）
（玫兰国际）

PETER BEALES
（皮特·比尔斯）

POCOCKS ROSES
（波可斯玫瑰）

其他

FIND THAT ROSE
（找到那个玫瑰）

HELP ME FIND
（帮我找）

致谢

当我开始写这本书时，我以为我是了解玫瑰的；当我写完这本书时，我对这个复杂的家族知晓得更多了。为此，我万分感激玫瑰和园艺世界各位人士所给予的支持和鼓励，特别是查尔斯·奎斯特·里特森如此慷慨地分享玫瑰及其历史知识。我要感谢大卫·奥斯汀公司的迈克尔·马里奥、康茨科尔切斯特公司的安吉·波西和罗杰·波西、波科克玫瑰育种公司的斯图尔特·波科克，以及罗伯特·卡尔金，感谢他们耗费时间和提供的建议。我也要感谢剑桥大学植物园科里图书馆的珍妮·萨金特、皇家园艺学会伦敦林德利图书馆的汤姆·平克、位于皇家园艺学会科学图书馆的阿比盖尔·巴克，当然还要感谢伦敦图书馆的工作人员一如既往地提供帮助。同时也要感谢马修·比格斯、史蒂芬·克里斯普、梅兰妮·德·沃尔、马克·迪卡诺、玛德琳·杜贝尔、亚历山德拉·费德拉、吉莉安·马雷伊、凯瑟琳·皮格、芭芭拉·赛盖尔、拓·苏、阿曼达·维克瑞、吉丽嘉·维拉加万和维里·维拉加万、特拉维斯·威尔曼。还有詹妮弗·波特，感谢她鼓励的话语，以及马特·弥尔顿，跟他合作非常愉快。

233

玫瑰的故事也激发了我的朋友和家人的想象力。我特别想感谢吉莉安·布雷的帮助和建设性意见、西沃恩·富兰克林在赞比亚经营玫瑰农场的经验细节，还有海丝特·维克里·斯黛拉提供的文学方面的建议。在我的家庭成员中，我要感谢罗斯·巴威斯全身心地投入在土耳其收集玫瑰花瓣和茱莉亚·若尔热捐赠的宝贵的玫瑰食谱。我将永远感谢的还有帕狄·巴维斯——我的耐心而又坚韧的、无所不知的"驻场文案编辑"。

玫瑰家族的诸多难题之一——甚至对于很多专家也是如此——就是一些品种的名称拼写的不一致性。只要可能，我都会采用《皇家园艺协会的玫瑰百科全书》上的版本。如有错误或疏漏均为本人之过。

图片出处

作者与出版商希望在此向以下图片说明资料的来源表达谢意，感谢提供或者允许我们复制图片。

阿拉米图片社：目录前一页（约翰·格鲁夫），简介第5页（PBL收藏），第3页（乔希·韦斯特里奇），第31页（保罗·费恩），第40页（赫拉克勒斯·米拉斯），第63页（雷克斯·梅），第65页（阿瓦隆/截图特许），第66页（GKS花卉照片），第71页（保罗·莫福德），第72页（罗格·菲利普），第75页（斯特芬·豪瑟/植物图片），第80页（园艺世界图像公司），第81页（毛里求斯图片公司），第84页（多林·金德斯利），第85页（金·卡尔森），第88页（园艺世界），第89页（园艺世界图像公司），第90页（阿瓦隆/截图特许），第93页（通用图像集团北美公司/迪亚哥地理出版机构），第110—111页（莫斯科瓦），第120页（阿莫雷特·坦纳），第128页（花园图片世界），第141页（克拉尼科），第146页（莱布雷希特音乐与美术图书馆），第161页（马修·基尔南），第 162 页（克拉尼科），第 163 页（克拉尼科），第 165 页（保罗·费恩），第 167 页（埃弗利特收藏），第 186 页（传统图像合作/乔治亚·奥基夫博物馆/DACS 2018），第 196 页（尤南·思威尼），第 198 页（埃里克·艾福格），第 200 页（普利司玛·阿克沃），第 205 页（阿莫雷特·坦纳），第 217 页（布林克·温克尔）；

马恩河谷档案馆：第 108 页；

作者收集：第 5、7、37、50、74、113 页、第 118 页（左图）、第 118—119 页、第 119 页（右图）、第 122、151、187、201、207 页：

大卫·奥斯汀玫瑰：第 94、113、195 页；

伦敦大英图书馆：第 47、52、160 页；

桑厄豪森欧洲玫瑰园：第 127 页；

华盛顿特区弗利尔美术馆：第 202 页；

肯顿绿化：简介第 8 页；

华盖创意：第 123 页（卡尔顿/图片发布/休顿档案馆），第 139 页（迪亚哥地理出版机构）；

美国国会图书馆：第 34 页；

大都会艺术博物馆：第 48、147、152 页；

詹姆斯·米切尔：第 172 页；

纽约公共图书馆：第 10、180 页；

白宫官方图片：第 128—129 页；

REX 摄影爱好者图库：第 20 页（阿尔弗雷多·达格利·奥尔蒂），第 26 页（大英图书馆/罗博纳），第 39 页（亚历山德罗·塞拉诺），第 56 页（美术档案馆），第 149 页（大英图书馆/罗博纳），第 168、189 页（卡宾·塔帕博）；

阿姆斯特丹国家博物馆：第 176 页；

摄影爱好者图库：第 68、212 页（棕榈树）；

吉丽嘉·维拉加万和维里·维拉加万：第 96 页；

伦敦维多利亚与艾尔伯特博物馆：第 166、175 页；

耶鲁大学英国艺术中心，保罗·梅隆收藏：第 179 页。